南水北调东线工程
泵站（群）优化运行

程吉林　张仁田　龚懿　著

中国水利水电出版社
www.waterpub.com.cn
·北京·

内 容 提 要

本书以南水北调东线工程跨流域调水泵站（群）为研究对象，将大系统理论与泵站工程优化运行调度紧密结合，系统介绍了泵站单机组、泵站多机组、并联泵站群、梯级泵站群优化运行复杂非线性数学模型的构建及其求解方法，并以南水北调东线工程江苏境内典型泵站为研究实例，建立了一定时间段内，以调水量为约束、泵站能耗费用最小为目标的优化运行方案库。全书共分为 8 章，主要内容包括：绪论，泵站（群）优化运行基本理论，低扬程泵站工况调节，单机组优化运行方法研究，泵站多机组优化运行方法研究，并联泵站群优化运行方法研究，梯级泵站群优化运行方法研究和泵站（群）优化运行决策支持系统等。

本书不仅适于大中型泵站运行管理技术人员学习使用，也可作为高等院校相关专业的参考书。

图书在版编目（ＣＩＰ）数据

南水北调东线工程泵站（群）优化运行 / 程吉林，张仁田，龚懿著. -- 北京 ： 中国水利水电出版社，2019.1
ISBN 978-7-5170-7804-3

Ⅰ. ①南… Ⅱ. ①程… ②张… ③龚… Ⅲ. ①南水北调－水利工程－泵站－运行 Ⅳ. ①TV675

中国版本图书馆CIP数据核字(2019)第133425号

书　　名	**南水北调东线工程泵站（群）优化运行** NANSHUIBEIDIAO DONGXIAN GONGCHENG BENGZHAN (QUN) YOUHUA YUNXING
作　　者	程吉林　张仁田　龚　懿　著
出版发行	中国水利水电出版社 （北京市海淀区玉渊潭南路 1 号 D 座　100038） 网址：www. waterpub. com. cn E - mail：sales@ waterpub. com. cn 电话：(010) 68367658（营销中心）
经　　售	北京科水图书销售中心（零售） 电话：(010) 88383994、63202643、68545874 全国各地新华书店和相关出版物销售网点
排　　版	中国水利水电出版社微机排版中心
印　　刷	北京印匠彩色印刷有限公司
规　　格	184mm×260mm　16 开本　12 印张　292 千字
版　　次	2019 年 1 月第 1 版　2019 年 1 月第 1 次印刷
印　　数	0001—1500 册
定　　价	**85. 00 元**

相关课题资助

1 "十二五"国家科技支撑计划项目课题"南水北调东线工程泵站（群）优化调度关键技术集成与示范"（2015BAB07B01）子课题"梯级泵站（群）优化调度控制条件研究""梯级泵站（群）优化调度理论与优化调度准则研究"及"泵站（群）优化调度的相关支撑技术研究"。

2 "十一五"国家科技支撑计划项目课题"大型贯流泵关键技术与泵站群联合调度研究"（2006BAB04A03）子课题"南水北调工程泵站群联合调度研究""泵站选型合理性评价体系研究"。

3 "十五"国家重大技术装备研制项目课题"大型低扬程水泵及装置研制"（ZZ02-03-01-03、ZZ02-03-01-04）子课题"原型机组性能预测及数值模拟研究"。

4 国家自然科学基金项目"跨流域调水泵站（群）运行系统优化理论与方法研究"（60974099）。

5 国家自然科学基金项目"大中型渠道与梯级泵站系统优化理论和应用研究"（59979024）。

6 国家自然科学基金项目"大系统试验选优理论与应用研究"（79400011，基金委结题等级"特优"）。

7 江苏省高校自然科学研究重大项目"南水北调东线江苏境内工程优化运行理论与方法研究"（09KJA570001）。

8 高等学校博士学科点专项科研基金"大中型泵站群优化运行方法研究"（20093250110002）。

9 江苏省自然科学基金（青年基金）"南水北调东线江苏境内梯级泵站群级间输水河道水位优化研究"（BK20130446）。

10 江苏省水利科技项目"南水北调工程投入运行后的江水北调工程优化调度方法研究"（2010060）。

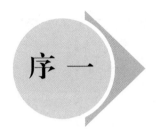

序一

在可持续发展理念的指导下，特别是《里约宣言》发布以来，中国在水资源合理开发、高效利用、有效保护和综合管理等方面进行了大量实践探索，确立可持续发展的治水新思路，着力解决农村人畜饮水安全，推进节水型社会建设，开展水生态系统保护和修复，完善城乡供水系统能力，推行公众参与式管理，以占全球6%的水资源量，支撑了22%的人口和近10%的经济增长速率。受水资源自然条件、经济社会规模与发展阶段以及全球气候变化等因素的综合影响，中国正面临着水资源供需矛盾、水环境污染、水生态退化以及极端与突发事件频繁等突出问题。中国政府对此高度重视，科学制定水资源可持续利用战略，进一步完善水资源基础设施体系，改革水资源管理公共政策与管理系统，切实保障国家水资源安全，以水资源可持续利用支撑经济社会的可持续发展，实现途径主要包括全面建设节水防污型社会、实行最严格的水资源管理制度、强化水资源与生态环境保护、构建国家智能水网工程系统、建立水资源风险管理体系以及强化水资源的科技支撑等。

水资源合理配置是人类可持续开发和利用水资源的有效调控措施之一，水资源合理配置已经被写入《中华人民共和国水法》。水资源合理配置是指"在流域或特定的区域范围内，遵循有效性、公平性和可持续性的原则，利用各种工程与非工程措施，按照市场经济的规律和资源配置准则，通过合理抑制需求、保障有效供给、维护和改善生态环境质量等手段和措施，对多种可利用水源在区域间和各用水部门间进行的配置。"南水北调工程是实现跨流域调水、不同流域之间的水资源合理配置的一项重大举措。

南水北调东线一期工程主要向江苏和山东两省供水，由13个梯级泵站组成，抽引江水 500m³/s，工程于 2013 年建成正式投入运行，是目前为止全世界规模最大、最复杂的长距离、多目标、多功能梯级泵站群，年运行成本达数十亿元。实现梯级泵站群的联合优化调度既是泵站群经济运行问题，更是水资源优化配置、合理利用的问题。扬州大学程吉林教授团队经过 10 多年的不懈努力，以泵站单机组叶片全调节、变频调节优化运行为研究单元，建立了梯级泵站群联合优化调度的大系统复杂理论体系和一系列数学模型的求解方法，填补了该领域的研究空白，并将研究成果成功应用于南水北调东线梯级泵站群的联合优化调度，取得了显著的经济效益。《南水北调东线工程泵站（群）优化运行》一书即将出版，我非常乐意地将该著作推荐给从事水资源配置、跨流域调水优化运行研究的广大学者和同行们！

中国工程院院士

2018 年 11 月

序二

我国的水资源多年平均总量约为 2.8 万亿 m³，居世界第四位，但人均占有量仅为 2000m³ 左右，排名在 110 位，属于缺水型国家。同时，我国的水资源分布在地域和时间上严重不均匀。南方水多、北方水少，占土地面积 47％ 的西、北干旱和半干旱地区水资源仅占总量的 7％ 左右，而面积占 53％ 的东、南地区，其水资源占总量的约 93％；夏秋水多、冬春水少，年际之间差异大，一年降雨量的 60％～70％ 集中在 6—8 月 3 个月的时间内，因此缺水地区常常会因为降雨量集中在极短的时段内发生洪水灾害，而无法实现有效利用。为此开展水资源在空间和时间上的调配历史久远，著名的有四川都江堰和广西灵渠等。20 世纪 60 年代开始进行了具有现代意义的跨流域调水工程，以期充分利用水资源，为社会经济发展服务。

经过 10 多年的努力，南水北调中、东线一期工程建成并投入运行，实现了穿越淮河、黄河、海河三大流域，连接长江、淮河、黄河、海河四大水系，将有效缓解我国北方地区干旱缺水状况，改善生态环境，持续促进经济发展和社会进步。南水北调东线工程全长 1135km，一期工程主要向江苏和山东两省供水，由 13 个梯级泵站组成，抽引江水 500m³/s，过黄河 50m³/s，送山东半岛 50m³/s，总调水规模为抽江水量 87 亿 m³，总增供水量 36 亿 m³。工程于 2003 年年底开工建设、2013 年建成正式投入运行，是目前为止全世界最大规模、最复杂的长距离、多目标、多功能梯级泵站群，年运行成本达数十亿元。实现梯级泵站群的联合优化调度既是复杂的理论问题，又是工程实践迫切需要解决的问题。

《南水北调东线工程泵站（群）优化运行》一书是扬州大学水利优化规划专家程吉林教授与江苏省水利勘测设计研究院有限公司泵站专家张仁田教授级高级工程师领衔团队经过 10 多年潜心研究的

成果总结，将大系统理论与泵站工程运行调度紧密结合，从理论上解决了单机组、多机组（水泵同型号、不同型号）、并联泵站和梯级泵站优化运行数学问题，建立了以泵站（群）能耗费用最小为目标、规定时间段内调水量为约束、水泵叶片角、机组转速为决策变量的一整套数学模型及其有效的解法，是优化理论的重大突破。同时结合南水北调东线江苏境内梯级泵站群的工程实际制定了不同工况下运行调度准则，可直接运用于工程的联合优化运行，降低能耗，节约运行成本，此乃工程运行之根本所在！

是为序。

中国工程院院士

长江勘测规划设计研究院院长

全国工程设计大师

2018 年 12 月

前 言

　　南水北调东线工程从长江下游扬州江都取水，以京杭大运河为输水干线，输水线路总长 1135km，连接洪泽湖、骆马湖、南四湖和东平湖等调蓄水库，通过 13 级梯级泵站逐级提水，向北方缺水地区供水。该工程输水距离长，涉及多站联合运行、多水源联合调度、多库（湖）调蓄、多目标供水，且具有泵站工作扬程低、单机流量大、年运行时间长等特点，是目前为止世界上规模最大、最复杂的跨流域调水工程。南水北调东线工程优化运行不仅是工程投入运行后亟需解决的现实问题，也是一项十分复杂、备受关注的复杂系统最优化问题。本书作者及团队在国家"十一五"和"十二五"重大科技支撑课题（2006BAB04A03、2015BAB07B01）及国家自然科学基金项目（No.60974099）等的资助下，历时十余年，以泵站单机组叶片全调节、变频运行与组合优化运行为基础，以南水北调东线江苏省境内工程为例，开展泵站单机组、站内多机组（同型号、不同型号）、并联泵站群与梯级泵站群的模型构建及其复杂系统优化方法研究，丰富和发展了跨流域调水复杂系统最优化理论，同时对一般长距离梯级泵站（群）优化运行提供了技术支撑。

　　《南水北调东线工程泵站（群）优化运行》一书在撰写过程中自始至终得到了南水北调主管领导、专家和同行的关心、支持和帮助，特别是课题组成员冯旭松教高、陈兴博士、仇锦先博士、张礼华博士、李开荣教授、朱红耕教授、方宏远教授、陆小伟教高、李龙华副研究员等，以及研究生侍翰生、史振铜、王文芬、郝晓珍、张健、龚志浩等人为本书相关章节作出了贡献，在此一并表示衷心感谢！

本书涉及泵站工程、系统工程、计算机技术等多学科，内容较为复杂。尽管我们在撰写过程中做了很大努力，但由于水平有限，书中不妥之处，恳请读者批评指正！

程吉林　张仁田　龚懿

2018 年 11 月

目 录

第1章

▶ 绪论

目前，水资源稀缺和时间、空间上的分布不均，已严重地制约着全球不少地区的社会经济发展。为有效地减缓和解决地区水资源短缺及不平衡问题，跨流域调水工程的建设、运行优化和科学调度就显得日益重要。

跨流域调水是一项结构复杂、形式多样的多水源、多地区、多目标、多用途的高维复杂系统，涉及许多学科，在自然科学领域主要包括地形、地质、水文、水质、水资源、生态、环境、工程等，在社会科学领域主要涉及政治、行政、经济、法律等各个方面，只有对这些学科进行综合研究，才能确定最优的调水工程方案。目前，跨流域调水工程的研究主要集中在水权分配、运行管理模式、工程对自然生态环境的影响和调水经济效益评价等方面。

经不完全统计，国外已有40多个国家共建成了350余项调水工程，其中年调水量大于25亿 m^3、调水线路超过400km的大型和特大型工程就有28项，如：美国加利福尼亚北水南调工程（23级泵站）、俄罗斯古比雪夫提灌工程（8级泵站）等。在国内，同样也已兴建了不少梯级泵站调水工程，如：广东省东深供水工程（经8座梯级泵站向深圳、香港供水）、天津引滦入津工程（3座梯级泵站）、山东省引黄济青工程（经5座梯级泵站向青岛市供水）、山西省万家寨扬黄供水工程、甘肃省景泰川提灌工程、宁夏扶贫扬黄灌溉工程（11级高扬程泵站）等。此类工程的运行优化、科学调度，在能源、水资源日益紧缺的今天具有重大的经济价值和社会意义。

南水北调东线工程，江苏省境内9级提水，新建泵站36座、改造泵站5座，南水北调东线工程一期工程完成后，经江苏向省外北方调水，多年平均年出江苏省水量35亿 m^3，年均运行时间达5000h。若再加上江苏省境内工程每年对省内沿运灌区、淮北地区、里下河地区的水资源调配，年均泵站运行成本将高达数十亿元，对此工程的优化调度、科学管理，将创造年均数亿元的直接经济效益。

由于跨流域调水梯级泵站工程梯级多、流量大，年工程运行能耗巨大，因此，采用现代决策理论的最新成果，结合工程管理决策的实际情况，对跨流域调水泵站（群）运行开展系统优化研究，提出先进、实用的系统优化理论与方法，这对提高复杂环境下工程运行优化决策质量（包括决策成果的精度、有效性、成本等）具有重要意义。

1.1 重大调水工程建设与管理发展历程

据史料记载，我国早在公元前486年，春秋吴国有为伐齐国修建引长江水入淮河的

1

邗沟工程，可谓南水北调东线最早的雏形。公元前 361 年开挖的鸿沟，沟通了黄河与淮河的水力联系。改革开放以来，为解决缺水地区的水资源紧张状况，修建了 20 余座大型跨流域调水工程，为受水区提供了稳定可靠的水源，在推动经济发展、促进社会安定和改善生态环境等方面发挥了非常重要的作用。在国外，最早的跨流域调水工程可追溯到公元前 2400 年前的古埃及，为满足今埃塞俄比亚境内南部灌溉和航运要求，兴建了世界上第一个跨流域调水工程，从尼罗河引水至埃塞俄比亚高原南部进行灌溉，促进了埃及文明的发展与繁荣。20 世纪以来，尤其是第二次世界大战后，各国致力于经济恢复与发展，纷纷开始兴建各种用途的调水工程，且规模越建越大，系统结构愈加复杂，工程建设与运行管理的技术方法也越来越先进。随着调水工程数量增多，大型、特大型调水工程不断涌现，调水工程的优化调度与科学管理成为优化配置水资源的核心问题。

1.1.1 重大调水工程概述

（1）重大调水工程定义。调水工程是指随着社会生产力的不断发展，为解决由自然地理及气候因素等导致的水资源空间分配不均、洪涝灾害、干旱缺水及航运不便等问题，人类通过开挖沟渠、开凿运河，建设提水泵站、引水涵闸等途径改造自然而开发的一种水利工程。

调水工程可按不同标准进行分类，以流域为单位开展水资源综合管理是一种较为普遍的做法。参考希洛克曼诺夫等人研究成果，调水工程按照水文地理标准可分为局域（地区）调水工程，流域内调水工程及跨流域调水工程。以调水量和输水距离等作为标准，调水工程可分为小、中、大、特大和巨型工程。

重大调水工程一般是指跨省的大江大河骨干治理工程和跨省、跨流域的引水及水资源综合利用等对国民经济全局有重大影响的大、特大和巨型调水工程。与一般调水工程相比，除了地位、作用重要，社会关注度高，还具备以下特点：涉及多方利益，管理协调任务重；具有较强的公益性质，承担防洪、改善生态等公益性任务，兼具供水、发电等经营性功能。

（2）重大调水工程概况。由于世界各国和地区自然地理、水文水资源条件不同，以及经济社会情况的差异，各国调水工程发展水平不一致，在全世界范围内统计各国已建和在建的部分重要调水工程（其中排除干渠长度小于 20km，年调水量小于 1000 万 m^3 的工程；选择具有代表性、记录完整、地位及作用重要、社会关注高的调水工程），研究分析世界范围内重大调水工程的基本概况。

世界范围内的大江大河如亚洲恒河、非洲尼罗河、南美洲亚马孙河、北美洲密西西比河、大洋洲墨累河和欧洲多瑙河等都兴建了调水工程，从空间分布上来看，主要集中在加拿大、美国（北美洲），智利（南美洲），苏联（欧洲），印度、巴基斯坦和中国（亚洲），南非、埃及（非洲）及澳大利亚（大洋洲）等国家。

重大调水工程大部分为多目标调水工程，按照工程的调水量进行统计和分类，绝大部分水量用于灌溉和发电，其次是城市、工业、航运、生态、娱乐用水等。

1.1.2 重大调水工程布局演变特征

（1）时间变化。据不完全统计，在 19 世纪到 20 世纪初，全球范围内出现了重大调水工程，但数量较少。进入 20 世纪 40 年代，重大调水工程的建设速度明显加快，20 世纪 80 年代是大型、多目标调水工程兴建的高峰期，而随着全球调水工程的日益增多，负面影响也逐渐受到重视。20 世纪 90 年代后，发达国家在修建调水工程时都严格考虑了生态环境的保护补偿，新建调水工程数量在减少；重大调水工程的调水量在 20 世纪 60 年代后期有了显著的增长，进入 80 年代后，增长缓慢，增幅较少；进入 21 世纪后，重大调水工程及调水量的增加又有了一定程度的提升（图 1.1-1）。

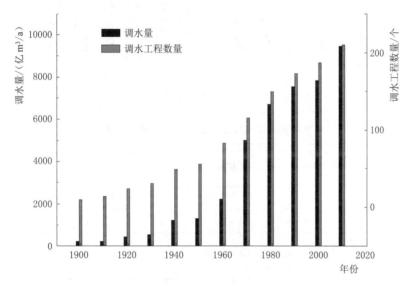

图 1.1-1 世界重大调水工程数量及调水量变化图

灌溉、发电、城市及工业供水一直是调水工程最主要的功能和目标，灌溉是调水工程的第一用途。20 世纪 70 年代后，城市及工业供水增长速度加快，进入 21 世纪后逐渐超过发电成为调水工程的第二用途，发电成为第三用途，其他用途如航运、防洪及娱乐用水等在 20 世纪 60 年代后也有一定的增长，但趋势并不明显，如图 1.1-2 所示。

（2）空间变化。从现状来看，北美洲和亚洲已建和在建的重大调水工程数量最多，亚洲的调水量超过北美洲，成为世界范围内重大调水工程调水量最多的地区。北美洲的调水工程数量虽然多，但都集中在加拿大、美国，南美洲和大洋洲人均水资源总量充沛，调水工程数量相对较少，而亚洲人均水资源量最少，重大调水工程数量较多，调水量最高。统计结果表明，调水工程数量、年调水量与人均水资源量呈现明显负相关性，具体见表 1.1-1。

从变化趋势来看，从 20 世纪初至今，欧洲、非洲、大洋洲和南美洲的重大调水工程数量及调水量增幅较小，20 世纪 60 年代增长较为显著，进入 20 世纪 80—90 年代增长又趋于平缓；北美洲和亚洲的增长远超过欧洲、非洲、大洋洲和南美洲，20 世纪 50—60

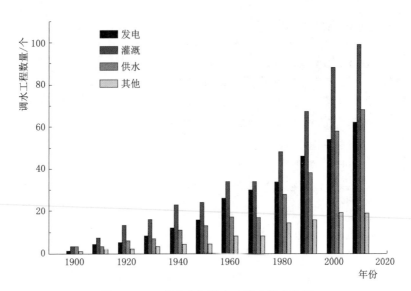

图 1.1-2 世界重大调水工程功能变化图

表 1.1-1 世界调水工程数量与人均水资源量关系表

洲　名	工程数量	有工程的国家	调水量 /亿 m³	人均水资源量 /(m³/a)
亚　洲	77	16	5025.77	3490.96
欧　洲	21	12	412.40	3994.49
非　洲	14	8	296.66	4657.08
大洋洲	13	1	135.71	72727.27
北美洲	78	3	3524.52	17108.70
南美洲	7	4	57.35	34371.43
合　计	210	44	9452.41	

年代，北美洲和亚洲的重大调水工程数量及调水量有明显增长的趋势，但北美洲在进入 20 世纪 80 年代后增长趋势开始缓慢，调水量被亚洲逐渐超越，亚洲的调水工程数量也与其基本接近，与世界经济发展态势高度吻合，各洲重大调水工程数量变化情况和调水量变化情况分别如图 1.1-3 和图 1.1-4 所示。

1.1.3 世界重大调水工程发展历程

由于各地区自然地理、社会经济条件不同，重大调水工程的建设背景及管理情况也存在一定差异。鉴于北美洲重大调水工程数量、调水量都居世界领先地位，且集中在加拿大和美国，因此，以加拿大、美国为代表进行阐述；澳大利亚是大洋洲唯一建有调水工程的国家，以澳大利亚为代表进行阐述；亚洲，特别是我国的跨流域调水工程一直快速发展，其中最有代表性的是南水北调工程；其他地区如南美洲、欧洲及非洲调水量及调水工程数

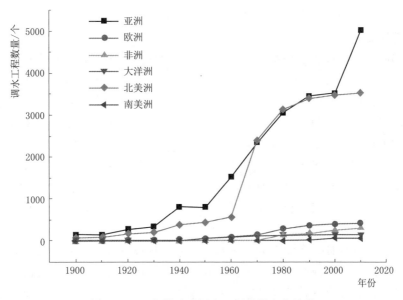

图 1.1-3 各洲重大调水工程数量变化情况

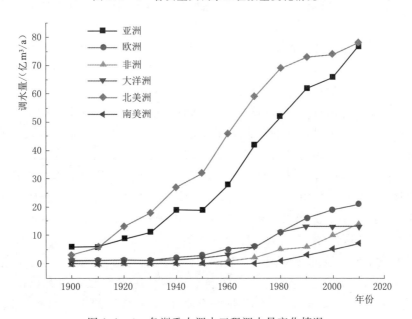

图 1.1-4 各洲重大调水工程调水量变化情况

量相对较少，主要集中在苏联等国。

（1）北美洲。北美洲重大调水工程集中在加拿大和美国。加拿大水资源量和人均占有量均居世界前列，但降雨空间分布十分不均。为解决降雨空间不均的问题，加拿大先后兴建了大量的跨流域调水工程，成为世界上年调水总量最多的国家。据统计，加拿大已建的调水工程中，近80％工程的主要用途是发电，调水量约占加拿大总调水量的95％。目前，加拿大已经成为世界上最大的发电和电力出口国。

著名的魁北克省詹姆斯湾调水工程是加拿大调水工程中最为典型的以发电为主要调水

5

目标的工程。有相应的法律保障，采用经济、行政、法律相结合的措施，以保障工程建设与管理的正常实施。

美国东部湿润、西部干旱缺水，干旱、半干旱地区的缺水问题严重制约着地方经济社会的发展，为此，美国自 19 世纪开始先后兴建了一批调水工程，以解决缺水地区的用水问题。目前，美国已建成跨流域调水工程近 20 项，总调水量超过 300 亿 m^3/a，其中包括著名的中央河谷工程、加州水道工程等，多以灌溉和供水为主，兼顾发电和防洪。

美国的重大调水工程从工程建设到运行管理均有严格的法律加以约束、规范和保证。加利福尼亚州水道工程是美国最典型的调水工程，是除中国南水北调工程以外距离最长、扬程最高的调水工程。在管理上，政府大力支持，提供启动资金和法律保护，形成了水交易市场模式，建立用水户联合会议制度，搭建公正、公平水市场，重视管理的透明性和社会公众教育。

（2）大洋洲。据统计，大洋洲除澳大利亚有几项规模不等的调水工程外，其他地区调水工程较为鲜见。澳大利亚是世界上人类居住气候最干燥的大陆，水资源时空分布极不均衡、用水矛盾突出。澳大利亚修建的第一座调水工程——雪山调水工程，从规划建设至今有 70 余年，无论在水质安全、水源保护等方面，还是在工程运营管理体制方面，都获得了一定的经验及教训。

雪山调水工程依靠立法完善水权制度与水资源保护政策，水源与调水采用统一运营管理，政府控股下的股份制运作和企业化管理实现了工程的良性运营，搭建了先进的信息监控网，随时掌握工程的运行情况，在保障安全供水的同时减少运营成本。

（3）亚洲。由于降水时空分布不均、人均水资源量最少，亚洲多数国家均建有调水工程以缓解水资源矛盾，主要目的是农业灌溉和城镇供水。其中，调水工程较多的国家有印度、巴基斯坦和中国等。较著名的工程有巴基斯坦的西水东调工程、印度的萨尔达萨罗瓦工程和萨尔达撒哈亚克工程、以色列的北水南调工程、土库曼斯坦的卡拉库姆运河工程及中国的南水北调工程等，其中中国南水北调工程将在第 1.3.1 节中详细介绍。

（4）其他地区。南美洲调水工程的修建也是由于水资源空间分布不均匀，许多地区仍存在严重缺水的问题。南美洲如大陆北部岸线、奥里诺科河流域部分地区、布莱尔高原东北部，巴拉圭河流域部分地区、大陆的大西洋坡面等都存在水分不足的现象。为有效解决地区水资源不足的问题，巴西、秘鲁、阿根廷等国家都兴建有调水工程。欧洲河网比较密，水量丰富，但有些地区同样存在水资源短缺问题。目前，欧洲至少有 10 个国家建成了超过 20 项的调水工程。其中，以苏联修建的调水工程居多。此外，德国的巴伐利亚调水工程以生态环境保护为主要目标，这是国外调水工程中较为少见的。

非洲修建调水工程的主要目的是为了解决由于高温、少雨和降水量时空分配不均等导致的干旱缺水问题。据不完全统计，非洲至少有 8 个国家兴建了 30 多项调水工程，其中有 14 项重大调水工程。南非和埃及修建的调水工程最多，仅南非一个国家就修建了 24 项调水工程。埃及的调水工程主要用于农业灌溉，而南非的调水工程主要用于供水和发电。

1.2 国内外梯级泵站优化运行研究概述

半个多世纪以来，国外学者采用数学规划、模拟技术、大系统理论等对跨流域调水工程运行系统优化模型与方法开展了研究。如：运用随机动态规划和类似于逐次逼近的搜索方法相结合，对美国加利福尼亚中央河谷工程（简称CVP）中的两座并联水库进行了最优泄水规划研究；采用线性与动态规划组合算法对CVP中单一水库的实时运行问题进行研究；采用改进动态规划逐次逼近算法对CVP的9座水库优化运行问题进行了研究；应用一般模拟技术研究了CVP和SWP（即美国南水北调工程）的联合运行问题；以及采用非线性规划模型的拉格朗日对偶方法对CVP中的9座水库、9座水电站、3条渠道、4座泵站进行了实时调度研究；采用动态规划方法对梯级泵站系统进行实时决策研究等。

在国内，随着南水北调工程的开工建设，对跨流域调水工程涉及的各个领域开展了大量研究，采用现代系统理论开展跨流域泵站（群）运行优化的研究也得到了高度重视。如采用动态规划、非线性规划等，对泵站的站内、级间运行最优流量分配研究；站内机组优化运行研究（包括确定不同型号水泵的开启台数、水泵叶片的安放角度、机组转速等）；既考虑各级泵站内的机组优化运行，还考虑站内配水流量与扬程优化组合研究。另外，采用大系统理论、计算机模拟技术等，考虑各级泵站、水库与泵站、提水与供水等之间关联调度决策关系，对南水北调梯级泵站工程、引滦入津引供水枢纽工程等优化运行开展了一系列探讨。

近20年来，随着国外大型变频设备的不断引进，以及在南水北调大型泵站中的应用，大型泵站（群）的变频变速优化运行也更多地引起了人们的关注。

目前，国内外虽然对跨流域调水模型与方法开展了大量研究，对跨流域调水工程水资源配置方案已定情况下，泵站（群）运行的系统优化也进行了不少探索，但尚存在以下问题：

（1）目前已有的研究成果，不论是单机组（1座泵站安装1台机组）、单站（1座泵站安装若干机组，各机组间协调、优化运行），还是并联站群（同级泵站联合调度、优化运行）、串联泵站（群）（若干级泵站或站群间的联合调度、优化运行）运行的系统优化模型均作了较大简化，其成果难以充分利用大型泵机组的工况调节功能来进一步节省能耗、降低运行成本。

（2）没有采用与跨流域调水工程优化运行相适应的复杂系统理论，分别以单机组、站内、并联泵站群、串联泵站群为研究对象，形成一整套适用于各类跨流域调水泵站（群）运行的系统优化理论与方法。

1.3 南水北调工程特点及运行调度要求

1.3.1 南水北调工程特点

南水北调总体布局包括从宏观构想到局部引水方案，是对水源、供水对象、线路和工程措施等进行具体研究逐步形成的。南水北调分东、中、西三条调水线，与长江、淮河、黄河、海河构成"四横三纵、南北调配、东西互济"的总体格局，形成中国的大水网，基本可以安全、经济地解决北方缺水地区的需水和供水矛盾。三条供水线路有各自的主要任务和供水范围，可相互补充，但不能相互替代，最终目标是实现长江、淮河、黄河、海河和内陆河水资源的合理配置。

南水北调西线工程在长江上游通天河、支流雅砻江和大渡河上游筑坝建库，开凿穿过长江与黄河分水岭巴颜喀拉山的输水隧洞，调长江水入黄河上游，供水范围主要是黄河上中游地区和渭河关中平原，调水线路总长约 1072km，调水规模 170 亿 m^3。

南水北调中线工程从长江支流汉江丹江口水库引水，沿线开挖渠道，经唐白河流域、黄淮海流域西部，沿京广铁路西侧北上，向北京、天津供水，受水区范围约 15 万 km^2，输水总干线全长 1267km，调水规模 130 亿 m^3。

南水北调东线工程是在江苏省江水北调基础上扩建而成，是解决我国北方严重缺水，保证国民经济发展和改善生态环境的一项重要战略措施。该工程从长江下游的江苏省扬州市江都区抽引江水，利用京杭运河及与其平行的河道逐级抽水北送，并连接起调蓄作用的洪泽湖、骆马湖、南四湖和东平湖。出东平湖后分两路输水：一路向北，在位山附近经隧洞穿过黄河；另一路向东，通过胶东地区输水干线经济南输水到烟台、威海。从长江到黄河南岸的东平湖高差约 40m，共设 13 个梯级泵站抽水，总扬程 64m（图 1.3－1）。从长江到天津北大港水库输水主干线总长 1135km，其中黄河以南段 625km、穿黄段 17km，黄河以北段 493km。一期工程主要向江苏和山东两省供水，抽引江水 500m^3/s，过黄河 50m^3/s，送山东半岛 50m^3/s，向黄淮海平原东部地区和山东半岛补充水源，东线受水区范围约 24.3 万 km^2，总调水规模为抽江水量 148 亿 m^3，总增供水量 87 亿 m^3。工程于 2003 年年底开工建设，2013 年建成正式投入运行。在新建和改建的泵站中均为低扬程泵站，南水北调东线一期工程泵站主要技术参数见表 1.3－1。

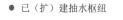

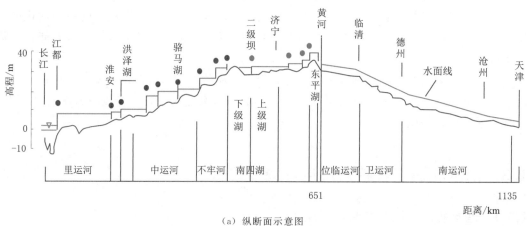

（a）纵断面示意图

图 1.3－1（一）　南水北调东线一期工程示意图

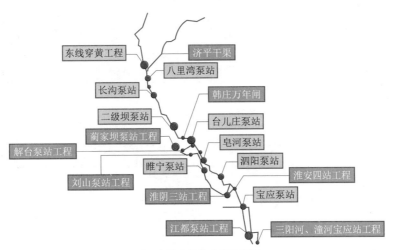

（b）主要建筑物工程示意图

图 1.3－1（二）　南水北调东线一期工程示意图

表 1.3－1　　　　　　　　南水北调东线一期工程泵站主要技术参数表

序号	梯级	泵站名称	设计规模/(m³/s)	水泵型式	设计扬程/m	单机流量/(m³/s)	配套功率/kW	机台数	总装机容量/kW	总装机流量/(m³/s)	备注
1	1	江都三站	135	立式轴流泵	7.80	13.7	1600	10	16000	137.0	改造
2		江都四站	210	立式轴流泵	7.80	33.0	3400	7	23800	231.0	改造
3		宝应泵站	100	立式混流泵	7.60	33.4	3400	4	13600	133.6	
4	2	淮安二站	120	立式轴流泵	3.53	60.0	5000	2	10000	120.0	改造
5		淮安四站	100	立式轴流泵	4.15	33.4	2240	4	8960	133.6	
6		金湖泵站	150	灯泡贯流泵	2.45	37.5	2200	5	11000	187.5	
7	3	淮阴三站	100	灯泡贯流泵	4.28	34.0	2200	4	8800	136.0	
8		洪泽泵站	150	立式混流泵	6.00	37.5	3350	5	16750	187.5	
9	4	泗阳泵站	160	立式轴流泵	6.30	33.0	3000	6	18000	198.0	扩建
10		泗洪泵站	120	灯泡贯流泵	3.70	30.0	2000	5	10000	150.0	
11	5	刘老涧二站	80	立式轴流泵	3.70	31.5	2000	4	8000	126.0	
12		睢宁二站	60	立式混流泵	9.20	20.5	3200	4	12800	82.0	
13	6	皂河一站	200	立式混流泵	4.65	100.0	7000	2	14000	200.0	改造
14		皂河二站	75	立式轴流泵	4.65	25.0	2000	3	6000	75.0	
15		邳州泵站	100	竖井贯流泵	3.20	33.4	2240	4	8960	133.6	
16	7	刘山泵站	125	立式轴流泵	5.73	31.5	2800	5	14000	157.5	
17	8	解台泵站	125	立式轴流泵	5.84	31.5	2800	5	14000	157.5	
18		万年闸泵站	125	立式轴流泵	5.49	31.5	2650	5	13250	157.5	
19	9	蔺家坝泵站	75	灯泡贯流泵	2.40	25.0	1250	4	5000	100.0	
20		韩庄泵站	125	灯泡贯流泵	4.15	31.5	1800	5	9000	157.5	

序号	梯级	泵站名称	设计规模 /(m³/s)	水泵型式	设计扬程 /m	单机流量 /(m³/s)	配套功率 /kW	机台数	总装机容量 /kW	总装机流量 /(m³/s)	备注
21	10	二级坝泵站	125	灯泡贯流泵	3.21	31.5	1650	5	8250	157.5	
22	11	长沟泵站	100	立式轴流泵	4.06	33.5	2240	4	8960	134.0	
23	12	邓楼泵站	100	立式轴流泵	3.97	33.5	2240	4	8960	134.0	
24	13	八里湾站	100	立式轴流泵	5.40	25.0	2400	5	12000	125.0	

1.3.2　南水北调东线一期江苏省境内工程及其特点

（1）南水北调东线一期江苏省境内工程。

1）长江至洪泽湖段。南水北调东线工程水源在扬州市江都区附近的长江干流，与江苏东引灌区共用三江营和高港两个引水口门。利用里运河及三阳河、潼河两路输水，江都一站、二站、三站、四站抽水 $400\text{m}^3/\text{s}$，宝应站抽水 $100\text{m}^3/\text{s}$，一路沿里运河北行，至淮安枢纽入苏北灌溉总渠，由淮阴泵站抽水 $300\text{m}^3/\text{s}$ 入洪泽湖；另一路向西经金宝航道、三河输水，由洪泽泵站抽水 $150\text{m}^3/\text{s}$ 入洪泽湖。该段利用原有江都泵站、淮安一站、二站、三站，淮阴一站、二站，并建设如下工程：开挖三阳河北段及潼河，疏浚、开挖河道 44.25km，扩挖里运河北运西闸至淮安四站的新河河道，加固北运西闸和镇湖闸，更新改造江都三站、四站和淮安二站；建设宝应泵站（$100\text{m}^3/\text{s}$）、淮安四站（$100\text{m}^3/\text{s}$）、淮阴三站（$100\text{m}^3/\text{s}$）、金湖泵站（$150\text{m}^3/\text{s}$）、洪泽泵站（$150\text{m}^3/\text{s}$）；加固改造江都船闸等；实施里下河水源调整项目等。

2）洪泽湖至骆马湖段。利用中运河和徐洪河两条输水线路，其中中运河输水 $175\sim230\text{m}^3/\text{s}$，由皂河泵站抽水入骆马湖；徐洪河输水 $100\sim120\text{m}^3/\text{s}$，由邳州泵站抽水接房亭河向东入中运河。该段工程利用原有泗阳二站，刘老涧一站、皂河一站和沙集一站，需更新改造皂河一站，拆（扩）建泗阳一站（$160\text{m}^3/\text{s}$）、新建刘老涧二站（$80\text{m}^3/\text{s}$）、皂河二站（$75\text{m}^3/\text{s}$）、泗洪泵站（$120\text{m}^3/\text{s}$）、睢宁二站（$60\text{m}^3/\text{s}$）、邳州泵站（$100\text{m}^3/\text{s}$），实施骆马湖以南中运河影响处理工程、徐洪河影响处理工程。

3）骆马湖至南四湖段。本段利用原有河道中运河、韩庄运河、不牢河和房亭河输水入下级湖。利用中运河输水至大王庙后，规划韩庄运河、不牢河各输水 $125\text{m}^3/\text{s}$。在不牢河重建刘山泵站（$125\text{m}^3/\text{s}$）、解台泵站（$125\text{m}^3/\text{s}$）；新建蔺家坝泵站（$75\text{m}^3/\text{s}$）。

（2）工程特点。南水北调东线工程是长距离跨流域调水，多个梯级泵站（群）联合调度，多个调蓄湖（库）、多种水源联合运行，多目标供水。其主要优势在于从长江下游直接取水，水源可以保证；可充分利用江苏已建的江水北调工程及大运河等输水河道，工程量和投入较少。

南水北调东线一期工程共有泵站 31 座，其中新建和改扩建 24 座、利用原有泵站 6 座，归纳起来具有以下特点：

1）工作扬程低。设计扬程低于 4.0m 的泵站占 42%，$4.0\sim6.0$m 的占 44%，$6.0\sim8.0$m 的仅有 14%。全部采用轴流泵和导叶式混流泵，其中灯泡贯流泵 7 座、竖井贯流泵

1 座。

2）单机流量大。各泵站的设计规模为 $140\sim300\mathrm{m^3/s}$，单机流量为 $19.5\sim54\mathrm{m^3/s}$，水泵叶轮直径一般在 $2.5\sim4.0\mathrm{m}$。皂河一站的单机流量达 $100\mathrm{m^3/s}$，采用叶轮直径 5700mm 的混流泵。

3）年运行时间长。多年平均年运行时间在 5000h 以上。在淮河流域的枯水年份，部分泵站的年运行时间达到 $6000\sim8000\mathrm{h}$；在一般平水年，年运行时间约为 4000h。东线工程泵站的年运行时间比江苏省江水北调原有泵站要长得多，主要是充分利用冬、春季非灌溉季节多向北方调水。

4）部分泵站扬程变化大。部分要求兼顾排涝的泵站排涝扬程较高、扬程的变化范围较大，在传统的运行调度方式下难以保证不同工况下泵站均工作在高效区。

5）运行可靠性要求高。在两个蓄水湖泊之间的输水河段上，一般都至少有 3 个梯级泵站是接力式运行，如果其中一座泵站发生故障将使一系列泵站受到影响，直至无法完成调水任务。

6）泵站工况调节方式多。为适应不同泵站工况调节的需求，采用了多种型式的工况调节方式，包括叶片全调节和变频变速调节 2 大类，叶片全调节还有机械全调节、液压全调节和组合式环保型全调节等 3 种型式。不同调节方式的特点将在第 3 章中详细描述。

1.3.3　南水北调东线工程泵站运行调度要求

根据南水北调东线一期工程长距离、跨流域、多目标调水以及低扬程泵及泵站特点，在实现工程及设备安全运行调度的同时，必须开展泵站单机组、多机组、并联泵站群及考虑输水河道水力特性的梯级泵站群的联合优化调度研究，制定不同调水量、不同运行工况下的运行调度准则，开发优化调度决策支持系统，保证梯级泵站群高效、可靠运行。

（1）泵站单机组的优化运行要求。单机组是泵站及泵站群的基本单元，也是实现梯级泵站群运行调度的核心单元，因此开展单机组在不同运行条件和不同工况调节方式下的运行费用最省的优化运行方法研究，既是一项基础性工作，也是一项关键性工作。

（2）泵站多机组的优化运行要求。每座泵站均由 1 台以上的单机组组成，同一座泵站既有同型号机组也有不同型号的机组。在采用同型号机组的泵站，由于不同单机组布置的位置不同而导致的进出水流条件差异，以及生产加工、安装调试等方面存在差异将会使得不同单机组性能有所不同，因此开展泵站多机组在不同运行条件和不同工况调节方式下的运行费用最省的优化运行方法研究，建立在一定时段内、调水量确定条件下的多机组优化运行方式既是区域调水运行调度的要求，也是并联泵站群和梯级泵站群联合优化调度的基础。

（3）并联泵站群的优化运行调度要求。南水北调东线工程的多个梯级泵站由 1 座泵站以上的泵站群并联构成，并联泵站群除了水泵的型号不同、性能不一致外，还存在取水和出水位置的不同，因此上、下游水位也不完全相同。开展并联泵站群联合优化运行方法研究，进行在一定时段内、调水量确定条件下不同泵站间的流量分配、运行时间长短的研究，实现运行费用最省，既是区域调水运行调度的要求，也是梯级泵站群联合调度的重要组成部分。

（4）梯级泵站群的优化运行调度要求。南水北调东线工程是通过多梯级泵站群逐级向北调水，只有实现多梯级泵站群联合优化调度，保证满足调水量需求和沿线用水户用水需求的前提下总体费用最省，才是优化运行调度的最终目标。因此，开展梯级间输水河道的非恒定流模拟，考虑输水河道输水量变化引起的水位变幅时间迟滞效应对优化调度的影响，保证上、下梯级间水位的最佳匹配，才能实现梯级泵站群联合运行的最优化。

1.4　研究技术内容

本书是作者及课题组成员 10 多年来的研究成果总结。全书以南水北调东线工程江苏境内典型泵站（群）为例，系统介绍单机组（叶片全调节、变频变速调节、叶片全调节与变频变速组合优化调节）、站内多机组（叶片全调节、变频变速调节）、并联站群（站间同工况调节、站间不同工况调节）和梯级站群优化运行的数学模型及其求解方法。通过江都四站单机组优化运行分析，说明变频变速运行的适用条件；通过不同水位组合与调水任务时的江都四站、淮安四站、淮阴三站，并联泵站群（江都站一站至四站，淮安一站、二站、四站，淮阴一站、三站）、梯级泵站群（淮安一站、二站、四站—淮阴一站、三站；洪泽泵站—金湖泵站）的优化运行分析，为南水北调东线大型泵站（群）的优化调度运行提供理论依据；同时，可丰富和发展跨流域调水工程水泵机组的优化运行理论。主要内容有：

（1）系统介绍泵站单机组叶片全调节优化运行、单机组变频变速优化运行、单机组叶片全调节与变频变速组合优化运行、站内多机组叶片全调节优化运行、站内多机组变频变速优化运行、并联泵站群优化运行、梯级泵站群优化运行数学模型及求解方法。

（2）南水北调东线工程大型泵站变频变速优化运行模式的适应性研究成果。

（3）针对受潮汐影响的泵站，开展泵站最优开机时刻以及月内最优开机时刻分布的规律性研究。

（4）泵站安全运行及优化调度的控制原则及其协调方法。

（5）开发不同运行工况下不同泵站（群）组合的决策支持系统和泵站运行仿真系统。

第 2 章

▶ 泵站（群）优化运行基本理论

2.1 动态规划理论与方法

2.1.1 概述

1955 年 Bellman 提出动态规划理论后，该理论在最优控制理论、工业控制和优化、国防、生物技术、管理及金融等国民经济各个领域均得到广泛的应用。

动态规划适用于时间或空间可分的最优化问题。泵站（群）机组的优化运行是时间可分问题，跨流域调水系统"河（湖）—泵站（群）—输水渠道（调蓄水库）与上、下级泵站（群）—输水渠道"优化则是空间可分问题；因此，动态规划方法适用于长距离跨流域调水工程的优化运行。

2.1.2 一维动态规划方法

对一台叶片全调节机组或转速可调变频泵机组，将开机时间 T 分为 n 时段，每个时段的叶片角或转速（x_j）为决策变量，以泵机组能耗最小为目标函数，在 T 时段内提水量大于等于 b 为约束条件，则数学模型可表达为

运行期间内能耗最小：
$$\min Z = \sum_{j=1}^{n} \phi_j(x_j) \tag{2-1}$$

规定时段内提水量约束：$\sum_{j=1}^{n} h_j(x_j) \geqslant b \quad j = 1, 2, \cdots, n \tag{2-2}$

该模型为典型的一维动态规划模型，其顺序递推方程为

在阶段 1：$\qquad s = 1 \quad g_1(\lambda_1) = \min \phi_1(x_1) \tag{2-3}$

$\qquad 0 \leqslant h_1(x_1) \leqslant \lambda_1$，$\lambda_1$ 可按工程运行要求离散；$\lambda_1 \leqslant b$

任意阶段：$s \leqslant n$

$$g_s(\lambda_s) = \min[\phi_s(x_s) + g_{s-1}(\lambda_{s-1})] \tag{2-4}$$

$\qquad 0 \leqslant h_s(x_s) \leqslant \lambda_s$，$\lambda_s$ 可按工程运行要求离散；$\lambda_s \leqslant b$

其中，状态转移方程：

$$\lambda_{s-1} = \lambda_s - h_s(x_s) \tag{2-5}$$

$s = 2, 3, \cdots, n$，依次求得最优解（$x_1^*, x_2^*, \cdots, x_n^*$）及对应的目标值 z^*。

2.1.3 动态规划逐次逼近法

若一台水泵叶片安放角、机组转速均可调节的泵机组运行，可将开机时间 T 分为 n 时段，每个时段内设定的水泵叶片安放角（x_j）、机组转速（y_j）为决策变量。同样，以泵机组能耗最小为目标函数，在 T 时段内提水量大于等于 b 为约束条件，则数学模型转变为具有多决策变量的一维动态规划问题。具体来说，逐次逼近法求解时，先假定各阶段泵机组转速固定不变，将一台水泵叶片安放角、机组转速均可调节的泵机组优化运行问题，转变为单机组叶片全调节优化问题，采用一维动态规划方法求解；然后更新该水泵各阶段运行的叶片安放角状态信息，对泵机组各阶段转速进行优化，同样采用一维动态规划方法；依次对各阶段的泵叶片安放角、机组转速的运行策略逐次逼近寻优，直到目标函数不能继续改进为止。具体如下：

$$\min Z = \sum_{j=1}^{n} \phi_j(x_j, y_j) \tag{2-6}$$

$$\sum_{j=1}^{n} h_j(x_j, y_j) \geqslant b \quad j = 1, 2, \cdots, n \tag{2-7}$$

这类非线性问题，可采用动态规划逐次逼近法求解：

步骤 1：设 $(y_1^{(0)}, y_2^{(0)}, \cdots, y_n^{(0)})$ 代入式（2-6）、式（2-7），模型转化为

$$\min Z = \sum_{j=1}^{n} \phi'_j(x_j) \tag{2-8}$$

$$\sum_{j=1}^{n} h'_j(x_j) \geqslant b \tag{2-9}$$

采用上述一维动态规划递推方法，求得对应 $(y_1^{(0)}, y_2^{(0)}, \cdots, y_n^{(0)})$ 时的最优解 $(x_1^{(0)}, x_2^{(0)}, \cdots, x_n^{(0)})$ 及 $z^{*(0)}$。

步骤 2：将 $(x_1^{(0)}, x_2^{(0)}, \cdots, x_n^{(0)})$ 代入式（2-6）、式（2-7），同样求出对应 $(x_1^{(0)}, x_2^{(0)}, \cdots, x_n^{(0)})$ 的最优解 $(y_1^{(1)}, y_2^{(1)}, \cdots, y_n^{(1)})$ 及 $z^{*(1)}$，并依次类推。

步骤 3：当 $\left| \dfrac{Z^{*(k+1)} - Z^{*(k)}}{Z^{*(k+1)}} \right| \leqslant \varepsilon$ 时，计算终止，获得对应的最优解 $[x_j^*, y_j^* (j=1, 2, \cdots, n)]$ 及对应的目标值 z^*。

2.1.4 一种大系统分解-动态规划聚合方法

大型非线性系统由于其变量和约束众多，形式复杂，因此直接求解非常困难，目前主要应用递阶方式求解。大型非线性系统的优化技术是系统科学的重大研究课题之一，其递阶模型的主要方法是 Dantzig - Wolfe 的"分解协调"理论和胡振鹏、冯尚友的"分解聚合"方法。目前，这两种方法在各领域应用都非常广泛。

"分解协调"方法主要适用于复杂系统凸规划问题；"分解聚合"方法可适用一般复杂非线性问题。"分解聚合"方法的求解思路是：将大系统分解为子系统，求解子系统；将子系统优化成果建立回归统计数学模型，采用相对简单的回归统计聚合模型代替原来的复杂大系统模型，从而求得原问题的优化解。

本课题组针对泵站多机组优化运行问题，将其分解为单机组优化问题。将不同约束值（规定时间内不同提水量）情况下的单机组优化运行的成果，聚合为大系统模型，该聚合

模型依然是一维动态规划模型，为此，课题组将该方法称之为"分解-动态规划聚合"方法。该方法与传统"分解协调"方法相比，可适用于鞍点不存在、离散变量的复杂非线性问题；与"分解聚合"方法相比，减少了建立回归聚合统计模型的环节，减少了计算工作量。

多机组泵站优化运行"分解-动态规划聚合"方法，求解思路与方法如下。

单台泵机组变角或变频优化运行数学模型表达式为式（2-1）、式（2-2），单台泵机组变角与变频优化运行，同样的数学模型表达式为式（2-6）、式（2-7），那么站内 m 台机组的优化运行的数学模型可表达为

$$\min Z = \sum_{i=1}^{m}\sum_{j=1}^{n}\phi_{i,j}(x_{i,j},y_{i,j}) \qquad i=1,2,\cdots,m \qquad (2-10)$$

$$\sum_{i=1}^{m}\sum_{j=1}^{n}h_{i,j}(x_{i,j},y_{i,j}) \geqslant b \qquad j=1,2,\cdots,n \qquad (2-11)$$

该模型的求解可采用大系统分解-动态规划聚合方法：

（1）大系统分解。

设

$$\min Z_i = \sum_{j=1}^{n}\phi_{i,j}(x_{i,j},y_{i,j}) \qquad (2-12)$$

$$\sum_{j=1}^{n}h_{i,j}(x_{i,j},y_{i,j}) = w_i \qquad (2-13)$$

式（2-12）、式（2-13）为单机组优化运行数学模型，对不同的规定时间内单站提水量 w_i，可依次采用上述 2.1.2 与 2.1.3 方法进行优化求解。

（2）大系统动态规划聚合。

根据式（2-12）、式（2-13），将式（2-10）、式（2-11）聚合为

$$\min Z = \min\sum_{i=1}^{m}Z_i(w_i) \qquad i=1,2,\cdots,m \qquad (2-14)$$

$$\sum_{i=1}^{m}w_i \geqslant b \qquad (2-15)$$

可见，式（2-14）、式（2-15）为经典的一维动态规划模型。

（3）求解步骤。

1）将式（2-10）分解为 m 个子系统，其中协调变量 w_i 在式（2-11）中 b 的可行域内离散，然后采用前述一维动态规划、或动态规划逐次逼近法或下述的试验选优方法求解式（2-12）、式（2-13），获得对应的 $w_i \sim Z_i(w_i)(i=1,2,\cdots,m)$ 关系。

2）将 $[w_i \sim Z_i(w_i),(i=1,2,\cdots,m)]$ 聚合为大系统式（2-14）、式（2-15）模型，该模型系决策变量为 w_i 的一维动态规划模型，采用经典方法，可求得最优的目标值 Z^* 和 $w_i^*(i=1,2,\cdots,m)$，再根据 $w_i \sim Z_i(w_i)$ 的关系获得与 w_i^* 对应的 $Z_i(w_i^*)^*(i=1,2,\cdots,m)$ 和 $[x_{i,j}^*,y_{i,j}^*]$，$i=1,2,\cdots,m$，$j=1,2,\cdots,n$。

2.2　试验选优理论与方法

2.2.1　概述

大型非线性系统的优化技术是系统科学的重大研究课题之一，无论是"分解协调"或

是"分解聚合"方法都需要优化分解之后的各个子系统模型。目前很多优化方法计算量非常巨大，稍大的模型都难以被接受；有些复杂的模型甚至是难以求解的。作者在连续多项国家自然科学基金的资助下（大系统试验选优理论和应用研究，No.79400011；大系统试验选优理论完善和应用研究，No.69974033；大系统试验遗传理论与应用研究，No.700471090），开展了大系统试验选优理论与方法研究，提出了针对不同类型数学模型的试验选优方法，减少优化计算工作量。本节介绍的方法是针对泵站（群）优化运行数学模型的特点，采用部分变量试验选优、部分变量采用动态规划优化的方法。

2.2.2　正交试验

正交试验设计是处理多因素试验选优的一种试验方法，采用正交表安排试验。用这种方法以构造正交表的确定性抽样方法，获得全部试验组合的理论最优方案。

（1）试验目标、因素和水平。明确试验目标、试验因素、各因素的水平变化范围。泵站（群）优化运行试验目标可为一次运行过程中的能耗费用，试验因素可为各时段的叶片安放角或机组转速，试验水平为在配套电机功率允许范围内离散的叶片安放角与转速。

例如：泵站单机组恒速叶片调节优化运行，一天开机 24h，考虑 24h 内的峰谷电价、潮位变化将叶片调节分为 9 个时段，每个时段考虑 9 个叶片调节状态（$-4°$、$-3°$、$-2°$、$-1°$、$0°$、$+1°$、$+2°$、$+3°$、$+4°$），则转化为 9 因素、9 水平的优化问题。全部试验组合有 9^9 个，即 $3.87×10^8$ 个。如果采用 $L_{t^q}(t^q)$ 正交表（t 为试验水平，此处为 9；t^q 为正交试验个数；若采用正交拉丁方阵，$\nu=2$；q 为总列数，若采用正交拉丁方程，$q=t+1$；t^q 为全部组合个数），按正交表确定的抽样组合，仅需要对 $9^2=81$ 个处理进行试验、计算目标值。通过 81 个试验处理的目标值，采用正交试验分析法，可获得全部 $9^9=3.87×10^8$ 组合中的理论最优解。

（2）正交试验优良性。关于正交试验的优良性，早在 1977 年北京大学数学力学系概率教研组就有深入系统的讨论，由于正交试验抽样"均衡搭配、综合可比"的特点，获取的优化方案为理论全局最优解，但有时不一定是实际最优解。正交表应用于复杂数学模型优化求解，详见《大系统试验选优理论和应用》（国家自然科学基金研究成果专著出版基金项目，No.50024036，程吉林著，上海科技出版社，2002 年 8 月出版）。

虽然试验优选方法中正交试验方法运用较多，但其他试验设计方法如均匀设计等也在被用于优化方法中；这些试验方法与其他算法相结合，可在一些优化问题中取得良好的效果。诸如此类的确定性抽样方法及其解的最优性，还有待于进一步研究。

2.2.3　试验选优方法

对于式（2-6）、式（2-7）数学模型，若 $y_j(j=1,2,\cdots,n)$ 已知，则转化为一维动态规划问题。

试验选优方法思路为，对 $y_j(j=1,2,\cdots,n)$ 采用正交试验选优方法；$x_j(j=1,2,\cdots,n)$ 采用一维动态规划方法求解。

步骤 1：以 $y_j(j=1,2,\cdots,n)$ 为试验因素，其对应可行域内按一定步长离散后的个数为试验水平，对 $y_j(j=1,2,\cdots,n)$ 安排正交试验。

步骤 2：将试验处理 $y_j^{(i)}$（$j = 1, 2, \cdots, n$，$i = 1, 2, \cdots, T$；T 为正交试验处理序号），依次代入式（2-6）、式（2-7），采用一维动态规划模型依次求解获得 $x_j^{*(i)}$（$j = 1, 2, \cdots, n$，$i = 1, 2, \cdots, T$）及对应的目标值 $z^{*(i)}$（$i = 1, 2, \cdots, T$）。

步骤 3：通过正交分析获得最优解 y_j^{*}（$j = 1, 2, \cdots, n$），代入式（2-6）、式（2-7）得最优目标值 z^{*} 及对应的 x_j^{*}（$j = 1, 2, \cdots, n$）。

第3章

▶ 低扬程泵站工况调节

3.1 低扬程泵及泵站的类型

3.1.1 低扬程泵

将原动机的机械能转换为所抽送液体能量的机械为泵，当泵所抽送的液体是水时即为水泵。水泵的种类很多，在调水工程中主要是叶片泵，叶片泵是利用叶片与液体相互作用来输送液体，液体通过水泵后压力、速度都发生变化。

根据低扬程泵站的特点，所采用的泵型主要有轴流泵和导叶式混流泵，其叶轮均为开式叶片泵。这类水泵的叶轮由不同翼型组成（如图 3.1-1 所示），圆周速度为 U，液体的绝对速度为 V，那么液体相对于翼型的速度为 $U-V=W$。由流体力学理论可知，液体绕流翼型即产生升力，也就是液体有一个力 P_y 作用于叶片，反之叶片也作用于液体一个力 R，此力与 P_y 大小相等、方向相反，这个力对液体做功，使液体增加动能及压力能。

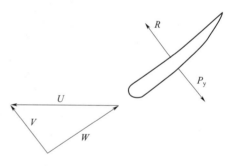

图 3.1-1　叶片泵的翼型

水泵的基本参数包括：

（1）转速。指泵轴每分钟的转数，以 n 表示，单位为 r/min。

（2）流量。水泵的流量是指单位时间内泵抽送液体的容积或质量，以 Q 表示，单位为 m^3/s。

（3）扬程。单位质量的液体流过水泵后所获得的能量，即水泵传给每千克液体的能量，以所输送液体的液柱高度 H 表示，单位为 m。显然，泵的扬程亦即泵吸入口和压出口单位重量液体的能量之差。

（4）功率。水泵的功率是指水泵的轴功率，是原动机输送给水泵的功率，以 P 或 N 表示，其单位为 kW。单位时间内流过水泵的液体得到的能量为有效功率 $P_e=\gamma QH$，水泵不可能将原动机的功率完全传递给液体，在水泵内有损失，以效率 η 来衡量，水泵的效率为有效功率与轴功率之比，$\eta=P_e/P$。由此可得到水泵的轴功率：

$$P = \frac{P_e}{\eta} = \frac{\gamma QH}{\eta}\left(\frac{\text{kgf} \cdot \text{m}}{\text{s}}\right) = \frac{\gamma QH}{102\eta}(\text{kW}) \qquad (3-1)$$

水泵内的损失是由于液体在泵内进行能量转换时产生的，主要包括了三种损失，即水力损失、容积损失和机械损失。因此水泵的效率是各效率之乘积，即

$$\eta = \eta_h \eta_v \eta_m \qquad (3-2)$$

式中：η_h 为水力效率；η_v 为容积效率；η_m 为机械效率。

根据水泵液流进出口速度三角形（如图 3.1-2 所示）可以建立水泵的基本方程式，即建立液体流经叶轮前后液流运动状态的变化与液流传递给单位质量液体的能量（理论扬程）之间的关系方程式。

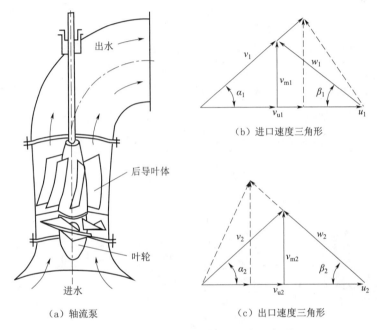

图 3.1-2 水泵液流进出口速度三角形

无限叶片数的理论扬程可表示为

$$H_{t\infty} = \frac{U_2 V_{u2\infty} - U_1 V_{u1\infty}}{g} \qquad (3-3)$$

在最优条件下：

$$H_{t\infty} = \frac{U_2 V_{u2\infty}}{g} \qquad (3-4)$$

有限叶片数的理论扬程为

$$H_t = \frac{H_{t\infty}}{1+S} \qquad (3-5)$$

式中：$S = 2\dfrac{\psi}{z} \cdot \dfrac{R_2^2}{R_2^2 - R_1^2}$；$\psi$ 为经验系数，可用下式计算：

当 $\dfrac{R_1}{R_2} < 0.5$ 时，$\psi = (0.55 \sim 0.68)(1 + 0.6\sin\beta_{e2})\dfrac{R_1}{R_2}$；

当 $\dfrac{R_1}{R_2} > 0.3$ 时，$\psi = (1 \sim 1.2)(1 + 0.6\sin\beta_{e2})\dfrac{R_1}{R_2}$；

ψ 值一般在 0.8～1.0 左右，叶片数少取大值；z 为叶片数；R_1、R_2 分别为叶轮流道中线上进、出口边到轴线的距离；β_{e2} 为叶片出水边的安放角。

水泵的比转速 n_s 表示扬程为 1m、驱动水泵的有效功率为 1hp，水泵的流量为 0.075$\mathrm{m^3/s}$ 时水泵的转速，即

$$n_s = \frac{3.65n\sqrt{Q}}{H^{\frac{3}{4}}} \tag{3-6}$$

比转速 n_s 是一个相似准则，如果相似泵的工况相似 n_s 也一定相等，即如果两台泵几何相似且 n_s 相等，则一定是工况相似，这是由于在几何相似的前提下，只有运动相似时 n_s 才相等，运动相似保证了工况相似。

由于泵的比转速 n_s 是以最高效率点的 n、Q 和 H 计算的，因此设计泵时原则上将给定的参数作为最高效率点上的参数来处理，它们是确定泵过流部分几何尺寸的依据，因此 n_s 与水泵过流部分的几何尺寸有密切关系。按照比转速 n_s 划分泵的类型及性能曲线形状的关系见表 3.1-1。

表 3.1-1　　　　　　　　水泵比转速与叶轮形状和性能曲线形状的关系

泵的类型	离 心 泵			混流泵	轴流泵
	低比转速	中比转速	高比转速		
比转速 n_s	$30 < n_s < 80$	$80 < n_s < 150$	$150 < n_s < 300$	$300 < n_s < 500$	$n_s > 500$
叶轮形状					
尺寸比	$\dfrac{D_2}{D_0} \approx 3$	$\dfrac{D_2}{D_0} \approx 2.3$	$\dfrac{D_2}{D_0} \approx 1.8 \sim 1.4$	$\dfrac{D_2}{D_0} \approx 1.2 \sim 1.1$	$\dfrac{D_2}{D_0} \approx 1$
叶片形状	圆柱形叶片	入口处扭曲出口处圆柱形	扭曲叶片	扭曲叶片	轴流泵翼型
性能曲线形状					
流量-扬程曲线特点	关闭扬程为设计工况的 1.1～1.3 倍，扬程随流量减少而增加，变化比较缓慢			关闭扬程为设计扬程的 1.5～1.8 倍，扬程随流量的减少而增加，变化较急	关闭扬程为设计扬程的 2 倍以上，扬程随流量减少而急速上升，又急速下降

续表

泵的类型	离 心 泵			混流泵	轴流泵
	低比转速	中比转速	高比转速		
流量-功率曲线特点	关闭点功率较小，轴功率随流量增加而上升			流量变动时轴功率变化较少	关闭点功率最大，设计工况附近变化较少，以后轴功率随流量增大而下降
流量-效率曲线特点	比较平坦			比轴流泵平坦	急速上升后又急速下降

轴流泵的比转速一般在 500 以上，其工作原理是由不同翼型组成的叶片在旋转过程中产生的升力做功，因此工作扬程较低，通常在 10m 以下；导叶式混流泵的叶片与水泵主轴成一定的倾角安装，扭曲叶片做功时既有升力也有离心力，扬程相对轴流泵要高，比转速在 300～500 之间。典型低扬程水泵轴流泵和混流泵叶轮如图 3.1-3 所示。

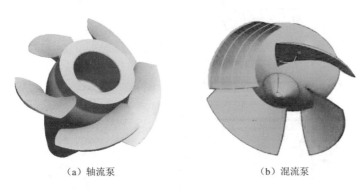

（a）轴流泵　　　　　　　　　　　　　　（b）混流泵

图 3.1-3　低扬程水泵叶轮

3.1.2　低扬程泵站

对于不同的低扬程泵站，按照其工作扬程特点、上下游水位变化情况、年运行时间等，采用了不同的结构型式。在南水北调东线工程的泵站中主要有采用肘形进水、虹吸式出水、真空破坏阀断流的立式结构，例如江都四站、宝应泵站等；采用肘形进水、直管式出水、快速闸门断流的立式结构，例如淮安四站、刘山泵站等；采用灯泡式结构的泵站有淮阴三站、金湖泵站等；采用竖井式结构的泵站有邳州泵站。

图 3.1-4～图 3.1-7 分别为不同结构型式低扬程泵站剖面图。

低扬程泵站的进水和出水流道水力损失在泵站效率中占的比例较大，主要影响泵站的水力效率，因此对于大型低扬程泵站通常都进行包括进水流道和出水流道在内的装置 CFD 分析、优化设计、预测水力性能，或者进行装置模型试验测试模型装置性能，再根据相似定律换算得到原型机组的装置性能。

低扬程泵及低扬程泵站的特性具有共同的特点：随着流量的减小扬程增加，在最优工况点效率最高，偏离最优工况点后效率均降低，典型的泵及泵站装置特性如图 3.1-8 所示。装置效率低于泵效率，流量-扬程曲线向左侧偏移。

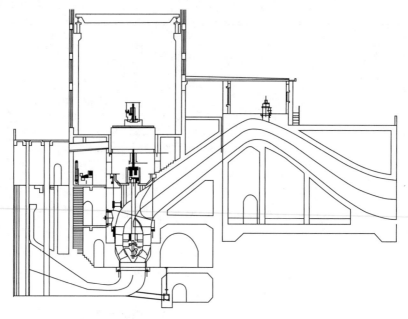

图 3.1 - 4　宝应泵站剖面图

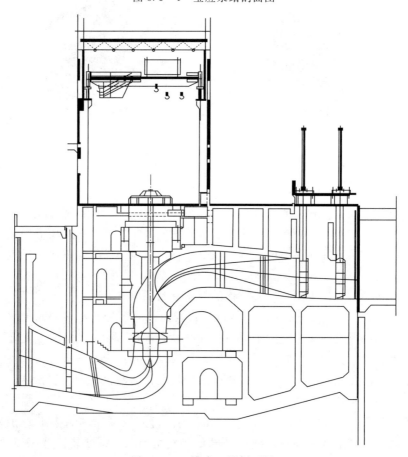

图 3.1 - 5　淮安四站剖面图

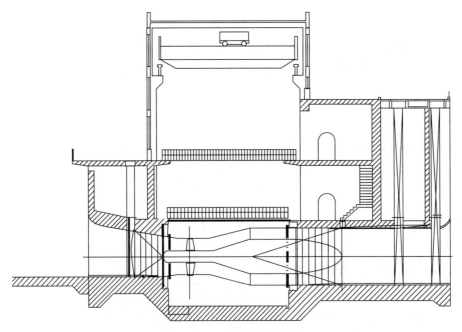

图 3.1-6 金湖泵站剖面图

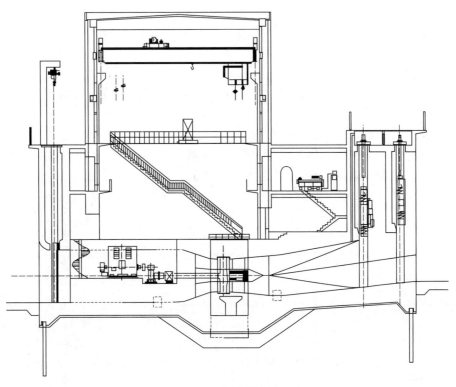

图 3.1-7 邳州泵站剖面图

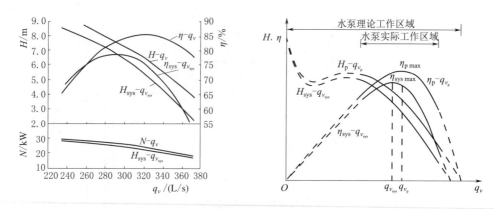

图 3.1-8　低扬程泵及泵站装置特性

3.2　低扬程泵站泵的工况调节方式

低扬程泵站运行过程中随着上游和（或）下游水位的变化，其工作扬程而发生改变，另外在扬不变的情况下，由于对水量（流量）需求的改变也会导致泵及泵站的运行工况发生变化；通常水泵是按照某一工况点设计，在该设计点水泵的性能达到最优，因此无法保证泵站在不同工况下始终运行在最优工况点。在工程实践中采用不同的方式对泵的工况进行调节，使其与泵站的实际运行工况尽可能相适应，保证泵运行在最优工况点附近。

低扬程泵的工况调节方式主要有叶片调节和变频变速调节两种方式。

3.2.1　叶片调节的特点

叶片调节是通过叶片安装角度的改变实现水泵运行工况的改变，其调节方式可进一步划分为半调节和全调节两种类型。

（1）叶片半调节。叶片半调节是在机组停止运行后，对叶片安放角进行人工调节。叶片半调节通常是将叶片用紧固螺栓固定在轮毂上，在叶片的根部上刻有基准线，而在轮毂上刻有几个相应安装角度的位置线，如＋4°、＋2°、0°、－2°、－4°等。叶片的安装角度不同，其性能曲线将不同，使用时可根据需要调节叶片的安装角度，半调节轴流泵叶轮如图3.2-1所示。调节时需要卸下叶轮，将螺母松开转动叶片，使叶片的基准线对准轮毂上的某要求的角度线，然后再拧紧螺母，装好叶轮即可。叶片半调节的工况调节方式一般需要停机并拆卸叶轮之后才能进行调节，因此仅适用于中、小型轴流泵或混流泵。

（2）叶片全调节。叶片全调节可以根据不同的扬程与流量要求，在不停机或只停机而不拆卸叶轮的情况下，通过一套机械或液压调节机构来改变叶片的安装角度，以改变水泵性能满足运行工况的要求。随着控制技术的发展和日臻成熟，停机调节方式已逐步淘汰，更多的是在机组运行过程中根据运行工况对叶片安装角度动态调节，目前叶片全调节主要分为机械全调节和液压全调节两种类型，且均已得到成功应用，为机组优化运行过程中实时调节叶片安放角提供了技术保证。

1）机械全调节。机械全调节工作原理是由调节电机做正、反向高速运转，经减速器

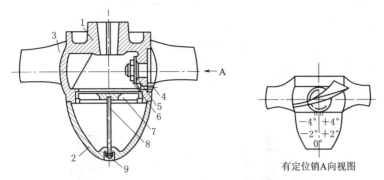

图 3.2-1 半调节轴流泵叶轮

1—轮毂；2—导水锥；3—叶片；4—定位销；5—垫圈；6—紧叶片螺帽；

7—横闩；8—螺柱；9—六角螺帽

产生扭矩，并通过分离器上的调节丝杆，将分离器作上、下轴向运动，经拉杆系统作用于叶片转角机构，迫使叶片作正、负向转动，达到调节叶片角度之目的，如图 3.2-2 所示，应用于江都一站、江都二站、刘老涧一站、淮阴二站、蔺家坝站等泵站。

2）液压全调节。液压全调节机构采用控制压力油的压力将高压油通过装于中空的电动机和泵轴内的油管，按需要分别进入轮毂内的活塞上方或下方，使活塞上移或下移，带动操作架上升或下降，再通过曲柄连杆机构带动叶片沿叶片轴心线旋转，从而改变叶片的安装角度，使得叶片角度得以调节，如图 3.2-3 所示，受油器安装在主电动机的顶部，方便控制和调节。采用液压全调节的有淮阴一站、淮安二站、皂河一站等泵站。

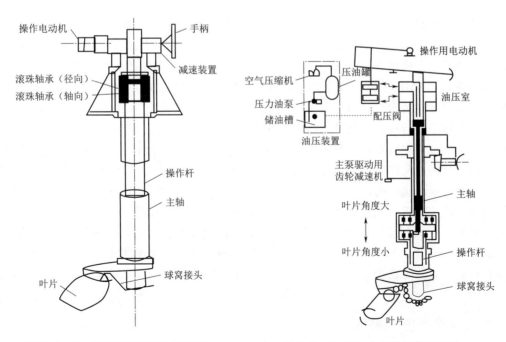

图 3.2-2 机械全调节机构原理图　　　图 3.2-3 液压全调节机构原理图

3）中置式环保型液压全调节。液压调节机构接力器密封要求高，易产生密封漏油，在漏油后可能使操作系统油压降低导致叶片调节困难，而且还会造成水质污染。为解决上述问题，国内外许多制造厂商对液压机构进行了改进，将调节系统的活塞布置在水泵轴和电动机轴连接处（中置式），叶片调节机构采用与机械调节系统类似的拉杆系统，解决了压力油漏油问题，同时采用无油润滑的叶片枢轴密封结构，以彻底解决漏油问题，既保证了系统的可靠，又保证了水质无污染，中置式环保型液压调节系统接力器结构如图 3.2-4 所示。

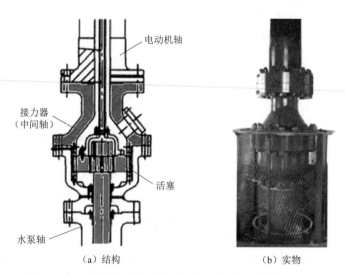

　　　　　（a）结构　　　　　　　　　　　　（b）实物

图 3.2-4　中置式环保型液压调节系统接力器结构示意图

中置式环保型液压调节系统根据受油器和反馈装置的位置不同有不同的结构型式。与传统的液压调节系统类似，受油器和反馈装置放在电动机的顶部，而接力器的回复导杆及油路穿过电动机旋转的空心主轴。最早采用这种型式的是东深供水工程中的莲湖泵站，系统操作油压为 2.5MPa。其工作原理为：调节伺服电机使杠杆 A 点移动，带动油压分配阀动作，接通油压装置与接力器上下腔油路，改变接力器活塞两边的油压，推动接力器活塞、操作杆做上下运动，从而带动曲柄连杆转动叶片角度，由机械回复杆推动杠杆 C 点反向移动，使油压分配阀复位，关闭油路，如图 3.2-5 所示。这种结构型式的特点是采用了机械回复杆的硬反馈，水泵和电动机厂家需有良好的相互配合，采用的油压低，接力器活塞直径大，但是这种调节机构的叶片角度稳定性良好，另外，因为只有当叶片调节时才用压力油，油压装置的压力油泵启动少，耗能也少。这种叶片调节方式在南水北调东线多座泵站应用，包括宝应泵站等。随着控制技术的快速发展，采用稳定性、抗干扰能力和动态品质均较优的数字比例阀型受油器，可实现系统对阶跃信号的稳态误差为 0，其调节精度达 4‰。已成功应用于南水北调东线江都四站、刘山泵站和解台泵站等（如图 3.2-6 所示）。

3.2.2　变频变速调节的特点

变速调节是根据水泵转速的改变来调节水泵性能的一种方法，变频调速是通过改变电动机定子供电频率来改变旋转磁场同步转速进行调速。变频调速的突出优点是调速效率

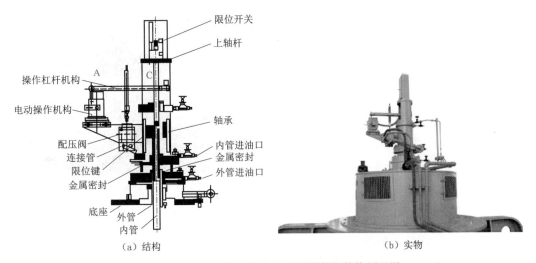

（a）结构　　　　　　　　　（b）实物

图 3.2-5　受油器安装在电动机顶部的结构原理图

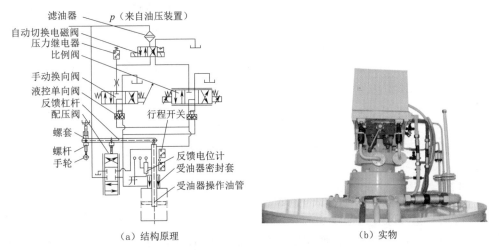

（a）结构原理　　　　　　　（b）实物

图 3.2-6　数字比例阀型受油器

高、调速范围宽，可实现无级调速，动态响应速度快，调速精度高，操作简便，且易于实现生产工艺控制自动化。此外，在装置发生故障后可采取措施投入工频运行。由于其调速性能优于其他调速技术，安装场地条件又比较灵活，应用范围广泛，是市场需求增长最快的调速方式。

变频调速系统的关键装置是变频器（如图 3.2-7 所示），由其来提供变频电源。变频器可分为交—直—交（交流—直流—交流）变频器和交—交（交流—交流）变频器两大类。

高压大容量同步变频技术主要有两种结构型式：一种是采用升、降压变压器的结构称之为"高—低—高"式变频器，即间接式高压变频器；另一种是采用高压大容量 GTO（可关断晶闸管）或晶闸管功率元件串联的结构，这种结构无输入、输出变压器，直接输出高压，即直接高压变频。前者采用的间接式变频技术难度不大，单位成本也不高，但由

27

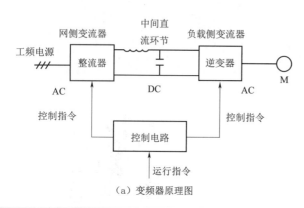

网侧变流器　　　　中间直
　　　　　　　　流环节　　负载侧变流器

工频电源

控制指令　　　　　　　　　　控制指令

运行指令

（a）变频器原理图

（b）高压变频器实物

图 3.2 - 7　高压变频器

于增加了输入、输出变压器等，所以整体系统结构复杂，占地面积大，耗损大，效率有所降低。直接高压变频调速技术是随着功率半导体器件的高压大容量化而发展起来的调速系统。这个系统采用晶闸管变流器和逆变器，运用同步电动机转子过激磁的容性无功功率来提供晶闸管换流。通过安装在转轴上的位置检测器控制转速，可以保证变频输出频率和电动机转速始终保持同步，不存在失步和振荡。这种变频器结构简单，可靠性高，可以实现四象限运行。缺点是设备费用相对比较高。

目前南水北调东线工程中有 4 座泵站采用了变频变速调节，分别是江苏省境内淮阴三站、泗洪泵站和山东省境内韩庄泵站、二级坝泵站。

3.3　不同工况调节方式下装置性能的表达

3.3.1　叶片全调节

（1）性能表达方式。根据叶片泵的工作原理，随着叶片安放角的改变，其进出口速度三角形也发生改变，因而工作性能随之改变。通常在相同的工作扬程下，叶片安放角增大流量增加、反之流量减小；同样在保持流量一定的条件下，叶片安放角增加工作扬程也增大、反之降低。从相似性来看，由于叶片安放角的改变导致其性能不再符合相似定律，叶片安放角的变化引起叶片的重要几何参数，即叶轮叶栅稠密度 $\dfrac{l}{t}$ 的变化，进而影响流量和扬程。

一方面是模型试验的角度是有限的；另一方面由于不同比转速叶轮及其设计方法存在差异，到目前为止还没有完善的理论能够准确表达某一比转速叶轮在不同安放角下的性能。有学者根据叶片的结构参数尝试用通用表达式描述不同叶片安放角下的性能。例如早在 1988 年，盛轶提出基于可调式叶片泵综合性能曲线上某个流量和扬程点在叶片安放角 φ 变化后它将沿着一条近乎直线的曲线变化，而这条近乎直线的曲线就是等 n_s 曲线，因此已知 φ_1、φ_2 的性能曲线（设 $\varphi_1 > \varphi_2$），中间安放角的性能曲线可以采用式（3 - 7）预测：

$$
\begin{cases}
Q_\varphi = Q_{\varphi_1} - \dfrac{Q_{\varphi_1} - Q_{\varphi_2}}{2} \\[3mm]
H_\varphi = H_{\varphi_1} - \dfrac{H_{\varphi_1} - H_{\varphi_2}}{2}
\end{cases}
\tag{3-7}
$$

中间任意安放角 φ 的性能曲线可以采用式（3-8）求得

$$
\begin{cases}
Q_\varphi = Q_{\varphi_1} - \left[\left(1 - \dfrac{|\varphi| - |\varphi_2|}{|\varphi_1| - |\varphi_2|}\right)(Q_{\varphi_1} - Q_{\varphi_2})\right] \\[3mm]
H_\varphi = H_{\varphi_1} - \left[\left(1 - \dfrac{|\varphi| - |\varphi_2|}{|\varphi_1| - |\varphi_2|}\right)(H_{\varphi_1} - H_{\varphi_2})\right]
\end{cases}
\tag{3-8}
$$

根据上述公式，对 32ZLB-100A 型轴流泵（$n=480\text{r/min}$）的性能进行预测，最高效率点附近的性能曲线预测值与实测值相比误差在 7‰ 以下，特性曲线如图 3.3-1 所示，计算结果见表 3.3-1。

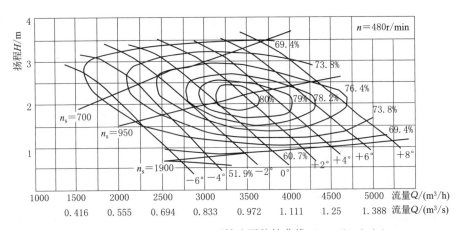

图 3.3-1 32ZLB-100A 型轴流泵特性曲线（$n=480\text{r/min}$）

袁尧等研究认为轴流泵叶片的安放角通常指叶片的弦线与其圆周速度方向之间的夹角，通过改变叶片的安放角可达到调节水泵运行工况的目的。当水泵变角调节前后角度变化很小时，能保持在一定流量范围内水泵的运行效率基本不变，这样调节前后水泵内的速度三角形可近似地认为是相似的，即水泵内的流体是运动相似的。在假定叶轮进口无旋的条件下，根据叶轮进口速度三角形和流量相似关系，可得到：

$$
\begin{cases}
\dfrac{Q}{Q_a} = \left(\dfrac{\tan\beta}{\tan\beta_a}\right)^L \\[3mm]
\dfrac{H}{H_a} = \left(\dfrac{\tan\beta}{\tan\beta_a}\right)^K \\[3mm]
\dfrac{P}{P_a} = \left(\dfrac{\tan\beta}{\tan\beta_a}\right)^M
\end{cases}
\tag{3-9}
$$

即水泵的工作参数与叶轮进口相对液流角 β 有关，$M = L + K$，而且该关系式是以变角调节前后叶轮进、出速度三角形相似和效率不变的假定为前提的，只有在叶片角变化不大时该假定才能成立，水泵变角相似关系式适用的角度调节范围一般为 $[-4°, +4°]$，能够满足实际工程的运行需要。要用式（3-9）来表示水泵的变角性能，必需求出相似关系式中的

表 3.3 - 1

32ZLB - 100A 型轴流泵性能计算表

n_s	φ / 项目	-6° Q/(m³/s)	-6° H/m	-4° Q/(m³/s)	-4° H/m	-2° Q/(m³/s)	-2° H/m	0° Q/(m³/s)	0° H/m	+2° Q/(m³/s)	+2° H/m	+4° Q/(m³/s)	+4° H/m	+6° Q/(m³/s)	+6° H/m	+8° Q/(m³/s)	+8° H/m
700	试验值	0.5300	2.2250	0.6070	2.4370	0.6790	2.6250	0.7480	2.8000	0.8220	2.9810	0.8820	3.1250	0.9540	3.2930	1.0120	3.4250
	按式 (3-7) 计算			0.6045	2.4250	0.6775	2.6185	0.7505	2.803	0.8150	2.9625	0.8880	3.1370	0.9470	3.2750		
	δ/%			-0.41	-0.49	-0.25	-0.25	0.33	0.11	-0.85	-0.62	0.68	0.38	-0.73	-0.55		
	按式 (3-8) 计算			0.5990	2.4000	0.6680	2.5680	0.7390	2.7390	0.8050	2.9110	0.8740	3.0820	0.9430	3.2530		
	δ/%			-1.30	-1.50	-1.60	-2.20	-1.50	-2.20	-2.00	-2.40	-0.87	-1.40	-1.10	-1.20		
950（最高效率点）	试验值	0.6160	1.6375	0.7026	1.7875	0.7929	1.9375	0.8712	2.0630	0.9553	2.1938	1.0339	2.3125	1.1189	2.4375	1.1972	2.5500
	按式 (3-7) 计算			0.7044	1.7875	0.7969	1.9253	0.8741	2.0657	0.9526	2.1878	1.0371	2.3157	1.1156	2.4313		
	δ/%			-0.26	0	0.50	-0.63	0.33	-0.13	-0.29	-0.28	0.31	-0.14	-0.30	-0.26		
	按式 (3-8) 计算			0.6990	1.7674	0.7820	1.8982	0.8651	2.0286	0.9481	2.1589	1.0311	2.2893	1.1142	2.4196		
	δ/%			-0.51	-1.10	-1.36	-2.00	-0.71	-1.71	-0.75	-1.60	-0.57	1.00	-0.42	-0.73		
1900	试验值	0.7638	0.7500	0.8317	0.7938	0.9471	0.8656	1.0463	0.9250	1.1760	1.0000	1.2540	1.0437	1.3684	1.1063	1.4034	1.1250
	按式 (3-7) 计算			0.8554	0.8078	0.9390	0.8594	1.0616	0.9328	1.1500	0.9844	1.2722	1.0531	1.3281	1.0844		
	δ/%			2.85	3.00	-0.86	-0.72	1.46	0.84	-2.10	-1.50	1.45	0.89	-2.90	2.00		
	按式 (3-8) 计算			0.8552	0.8036	0.9465	0.8571	1.0379	0.9110	1.1293	0.9643	1.2207	1.0178	1.3120	1.0714		
	δ/%			2.80	1.23	-0.06	-0.98	-0.80	-1.54	-3.97	3.57	-2.65	-2.48	-4.10	-3.14		

流量指数 L 和扬程指数 K。为求得 L 和 K，以水泵变角相似关系式计算结果与试验数据之间的误差平方和最小为目标函数，L 和 K 为决策变量，建立数学模型，通过数值逼近的方法求得模型的最优解，模型最优解所对应的 L 和 K 值即为所求的流量指数和扬程指数。

目标函数：

$$\min\sigma = \sum_{i=1}^{n} \left\{ f\left[Q_0 \left(\frac{\tan\beta_0}{\tan(\beta_0 + \Delta\beta_i)} \right)^L \right] - H_0 \left(\frac{\tan\beta_0}{\tan(\beta_0 + \Delta\beta_i)} \right)^K \right\}^2 \qquad (3-10)$$

式中：σ 为扬程误差平方和；β_0 为 0°叶片安放角，计算中用绝对叶片安放角（为某一定值）代替；H_0、Q_0 为叶安放角为 β_0 时的扬程、流量试验数据；n 为水泵变角调节试验时除 0°外其他叶片角度的数量；$\Delta\beta_i$ 为叶片调节的步长；f 为叶片安放角为 $\beta_0 + \Delta\beta_i$ 时根据流量、扬程的试验数据拟合得到的函数表达式。

文献 [56] 对 3 组代表性的试验结果进行分析，得到变角相似结果见表 3.3-2。据此得出结论：以试验性能为依据，水泵变角相似关系式计算结果与试验数据之间的误差平方和最小为目标函数建立数学模型，通过数值逼近求得模型最优解和对应的流量指数 L 和扬程指数 K，且误差分别为 2.28%、1.16%、1.23%，Q-H 曲线计算结果与试验数据之间吻合很好，Q-P 曲线计算结果与试验数据之间基本吻合。总体上表明水泵变角相似式的计算结果可信，水泵变角相似关系式可应用于此类水泵不同叶片角度的性能换算，具有较好的相似性。

表 3.3-2　　　　　　　　　代表性 3 组水泵模型变角相似计算结果

水泵模型编号	相似指数的确定			
	流量指数 L	扬程指数 K	扬程误差/%	回归分析的相关系数
TJ04-ZL-03	0.61	0.11	2.28	0.9975
TJ04-ZL-08	0.57	0.16	1.16	0.9989
TJ04-ZL-11	0.59	0.15	1.23	0.9989

上述两种方法因其表达的复杂性和水泵几何参数难以获得，而且研究尚不够深入也未涉及流量-效率曲线的预测，因此一直没有推广应用。在优化调度研究中关注的重点不是水泵性能，而是包括进、出水流道在内的装置性能，通行的做法是根据装置模型试验结果，对不同叶片安放角下的性能进行回归构建数学表达式，不同叶片安放角之间的性能采用线性插值法推算。对流量-扬程（Q-H）曲线和流量-效率（Q-η）曲线可采用移动最小二乘法、3 次样条和多项式等多种方法回归。多年的实践结果表明，虽然移动最小二乘法及 3 次样条的精度较高，但表达式复杂，不利于优化调度中的应用，采用二次、三次或四次多项式的精度已经完全能够满足工程需求，即

$$\begin{cases} H = aQ^2 + bQ + c \\ \eta = dQ^3 + eQ^2 + fQ + g \end{cases} \qquad (3-11)$$

根据模型试验成果将不同叶片安放角下的性能换算至原型，对原型数据采用多项式拟合得到相应的系数 a、b、c、d、e、f 和 g。

（2）多项式表达的工程实例。

1）江都一站、二站。江都一站、二站分别安装叶轮直径 1640mm、转速 250r/min、配套同步电动机额定功率 1000kW 的机械全调节立式轴流泵 8 台套，装置采用肘形进水，

虹吸式出水，真空破坏阀断流。江都一站和江都二站装置性能基本一致，其性能曲线如图 3.3-2 所示，采用多项式拟合表达的不同叶片安放角下性能见表 3.3-3。

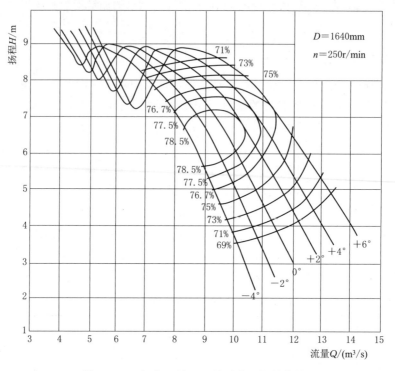

图 3.3-2　江都一站、二站泵装置性能曲线

表 3.3-3　　　　　　　　　　江都一站、二站泵装置性能曲线拟合表

叶片 安放角/(°)	$Q-H$ 拟合方程	$Q-\eta$ 拟合方程
-4	$H=4.1978+1.9396Q-0.1971Q^2$ ($n=16$, $R^2=0.999$)	$\eta=136.06-51.371Q+9.4483Q^2-0.5014Q^3$ ($n=16$, $R^2=0.996$)
-2	$H=4.3103+1.7993Q-0.1709Q^2$ ($n=16$, $R^2=0.998$)	$\eta=98.663-33.41Q+6.4085Q^2-0.3337Q^3$ ($n=16$, $R^2=0.996$)
0	$H=4.0145+1.7546Q-0.1535Q^2$ ($n=16$, $R^2=0.999$)	$\eta=85.853-27.16Q+5.2199Q^2-0.2628Q^3$ ($n=16$, $R^2=0.994$)
+2	$H=2.3467+1.978Q-0.1498Q^2$ ($n=16$, $R^2=0.998$)	$\eta=7.9577-1.2449Q+2.1127Q^2-0.1337Q^3$ ($n=16$, $R^2=0.993$)
+4	$H=1.8223+1.9897Q-0.1395Q^2$ ($n=16$, $R^2=0.998$)	$\eta=21.313-4.1102Q+2.0736Q^2-0.1166Q^3$ ($n=16$, $R^2=0.990$)
+6	$H=1.3718+1.963Q-0.12745Q^2$ ($n=16$, $R^2=0.996$)	$\eta=2.7144+1.8287Q+1.2594Q^2-0.0788Q^3$ ($n=16$, $R^2=0.966$)

注　n 为拟合曲线的点数，R^2 为相关系数，下同。

2）江都三站。江都三站安装叶轮直径 2000mm、转速 214.3r/min、配套同步电动机额定功率 1600kW 的叶片全调节立式轴流泵 10 台套，肘形进水，虹吸式出水，真空破坏阀断流，其性能曲线如图 3.3-3 所示，采用多项式拟合表达的不同叶片安放角下性能见表 3.3-4。

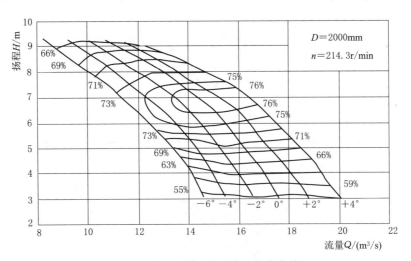

图 3.3-3 江都三站泵装置性能曲线

表 3.3-4　　　　　　　　　　江都三站泵装置性能曲线拟合表

叶片安放角/(°)	Q-H 拟合方程	Q-η 拟合方程
-6	$H=7.2581+0.8689Q-0.0782Q^2$ ($n=16$，$R^2=0.996$)	$\eta=353.63-93.925Q+9.8911Q^2-0.3335Q^3$ ($n=16$，$R^2=0.997$)
-4	$H=4.8847+1.3081Q-0.0916Q^2$ ($n=16$，$R^2=0.996$)	$\eta=492.42-123.99Q+11.762Q^2-0.3609Q^3$ ($n=16$，$R^2=0.994$)
-2	$H=2.5132+1.5941Q-0.094Q^2$ ($n=16$，$R^2=0.997$)	$\eta=438.43-103.72Q+9.3667Q^2-0.2719Q^3$ ($n=16$，$R^2=0.998$)
0	$H=0.7832+1.787Q-0.0941Q^2$ ($n=16$，$R^2=0.998$)	$\eta=399.24-89.788Q+7.7838Q^2-0.2158Q^3$ ($n=16$，$R^2=0.996$)
+2	$H=3.3361+1.2931Q-0.0695Q^2$ ($n=16$，$R^2=0.997$)	$\eta=257.2-54.127Q+4.7722Q^2-0.1313Q^3$ ($n=16$，$R^2=0.997$)
+4	$H=0.745+1.5453Q-0.0713Q^2$ ($n=16$，$R^2=0.998$)	$\eta=276.76-54.686Q+4.4398Q^2-0.113Q^3$ ($n=16$，$R^2=0.996$)

3）江都四站。江都四站安装叶轮直径 2900mm、转速 150r/min，配套同步电动机额定功率 3400kW 的叶片全调节立式轴流泵 7 台套，肘形进水，虹吸式出水，真空破坏阀断流，其性能特性曲线如图 3.3-4 所示，采用多项式拟合表达的不同叶片安放角下性能见表 3.3-5。

表 3.3-5　　　　　　　　　　江都四站泵装置性能曲线拟合表

叶片安放角/(°)	Q-H 拟合方程	Q-η 拟合方程
-4	$H=2.5416+0.6697Q-0.0168Q^2$ ($n=15$，$R^2=0.998$)	$\eta=487.03-48.408Q+1.8172Q^2-0.0220Q^3$ ($n=15$，$R^2=0.985$)
-2	$H=-3.8446+1.0229Q-0.0207Q^2$ ($n=15$，$R^2=0.990$)	$\eta=306.01-30.144Q+1.1767Q^2-0.0143Q^3$ ($n=15$，$R^2=0.987$)

续表

叶片 安放角/(°)	$Q-H$ 拟合方程	$Q-\eta$ 拟合方程
0	$H=-3.6323+0.9596Q-0.0183Q^2$ （$n=15$，$R^2=0.999$）	$\eta=-128.23-6.8327Q+0.1030Q^2-0.0037Q^3$ （$n=15$，$R^2=0.997$）
+2	$H=-9.4869+1.2587Q-0.0215Q^2$ （$n=15$，$R^2=0.999$）	$\eta=-44.34-1.1615Q+0.3250Q^2-0.0055Q^3$ （$n=15$，$R^2=0.988$）
+4	$H=-13.8950+1.4188Q-0.0220Q^2$ （$n=15$，$R^2=0.999$）	$\eta=-1378.60-92.1550Q+1.8714Q^2-0.0120Q^3$ （$n=15$，$R^2=0.986$）

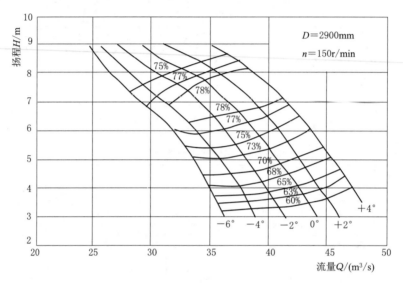

图 3.3-4　江都四站泵装置特性曲线

4）淮安一站。淮安一站安装叶轮直径 1640mm、转速 250r/min、配套同步电动机额定功率 1000kW 的叶片全调节立式轴流泵 8 台套，肘形进水、平直管出水，快速闸门断流，其性能特性曲线如图 3.3-5 所示，采用多项式拟合表达的不同叶片安放角下性能见表 3.3-6。

表 3.3-6　　　　　　　　　　淮安一站泵装置性能曲线拟合表

叶片 安放角/(°)	$Q-H$ 拟合方程	$Q-\eta$ 拟合方程
−4	$H=11.29411+0.23361Q-0.07535Q^2$ （$n=15$，$R^2=0.998$）	$\eta=-1816.23178+818.68192Q-133.57187Q^2+9.69262Q^3-$ $0.26371Q^4$（$n=15$，$R^2=0.993$）
−3.5	$H=11.06679+0.27355Q-0.07512Q^2$ （$n=15$，$R^2=1$）	$\eta=-1883.79399+841.64574Q-136.29586Q^2+9.81455Q^3-$ $0.26485Q^4$（$n=15$，$R^2=1$）
−3	$H=10.87986+0.30605Q-0.07463Q^2$ （$n=15$，$R^2=1$）	$\eta=-1975.34893+874.59461Q-140.55311Q^2+10.03932Q^3-$ $0.26853Q^4$（$n=15$，$R^2=1$）
−2.5	$H=10.7088+0.33355Q-0.07389Q^2$ （$n=15$，$R^2=1$）	$\eta=-2017.64186+885.291Q-141.09314Q^2+9.99185Q^3-$ $0.26485Q^4$（$n=15$，$R^2=1$）
−2	$H=10.51874+0.36687Q-0.07362Q^2$ （$n=13$，$R^2=0.996$）	$\eta=-2141.56389+929.33886Q-146.69983Q^2+10.28392Q^3-$ $0.26965Q^4$（$n=13$，$R^2=0.994$）

叶片安放角/(°)	$Q\text{-}H$ 拟合方程	$Q\text{-}\eta$ 拟合方程
-1.5	$H=7.98+0.83147Q-0.09288Q^2$ $(n=13,\ R^2=1)$	$\eta=-1570.46009+683.50316Q-107.47996Q^2+7.52769Q^3-0.19754Q^4$ $(n=13,\ R^2=1)$
-1	$H=6.35595+1.1173Q-0.10362Q^2$ $(n=13,\ R^2=1)$	$\eta=-1124.46091+492.97827Q-77.35725Q^2+5.43076Q^3-0.1432Q^4$ $(n=13,\ R^2=1)$
-0.5	$H=5.53999+1.24769Q-0.10709Q^2$ $(n=16,\ R^2=1)$	$\eta=-820.49133+362.68943Q-56.7511Q^2+3.99744Q^3-0.10609Q^4$ $(n=16,\ R^2=1)$
0	$H=4.94067+1.33565Q-0.10863Q^2$ $(n=16,\ R^2=0.998)$	$\eta=-551.51459+249.10962Q-39.07246Q^2+2.78743Q^3-0.07526Q^4$ $(n=16,\ R^2=0.988)$
+0.5	$H=4.21662+1.45107Q-0.11172Q^2$ $(n=16,\ R^2=1)$	$\eta=-715.28523+307.75109Q-46.78339Q^2+3.22297Q^3-0.08402Q^4$ $(n=16,\ R^2=1)$
+1	$H=3.72618+1.52026Q-0.11264Q^2$ $(n=15,\ R^2=1)$	$\eta=-805.86694+337.58602Q-50.29035Q^2+3.38922Q^3-0.08641Q^4$ $(n=15,\ R^2=1)$
+1.5	$H=3.07817+1.61639Q-0.11476Q^2$ $(n=17,\ R^2=1)$	$\eta=-934.00385+380.56848Q-55.52242Q^2+3.65658Q^3-0.09104Q^4$ $(n=17,\ R^2=1)$
+2	$H=2.39343+1.71799Q-0.11714Q^2$ $(n=17,\ R^2=0.999)$	$\eta=-1097.81447+435.92596Q-62.37167Q^2+4.01881Q^3-0.0978Q^4$ $(n=17,\ R^2=0.987)$
+2.5	$H=1.30164+1.86606Q-0.12051Q^2$ $(n=16,\ R^2=1)$	$\eta=-351.4623+160.92177Q-24.59145Q^2+1.71968Q^3-0.04543Q^4$ $(n=16,\ R^2=1)$
+3	$H=0.45492+1.97308Q-0.12228Q^2$ $(n=16,\ R^2=1)$	$\eta=195.37999-38.58874Q+2.50509Q^2+0.0904Q^3-0.00876Q^4$ $(n=16,\ R^2=1)$
+4	$H=-0.1496+2.00382Q-0.11847Q^2$ $(n=15,\ R^2=0.999)$	$\eta=776.37726-249.61601Q+30.90898Q^2-1.60031Q^3+0.02894Q^4$ $(n=15,\ R^2=0.988)$

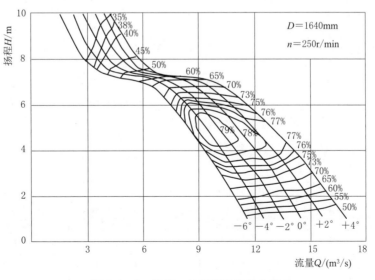

图 3.3-5 淮安一站泵装置特性曲线

5）淮安二站。淮安二站安装叶轮直径 4500mm、转速 93.75r/min、配套同步电动机额定功率 5000kW 的叶片全调节立式轴流泵 2 台套，肘形进水，虹吸式出水，真空破坏阀断流，其性能特性曲线如图 3.3－6 所示，采用多项式拟合表达的不同叶片安放角下性能见表 3.3－7。

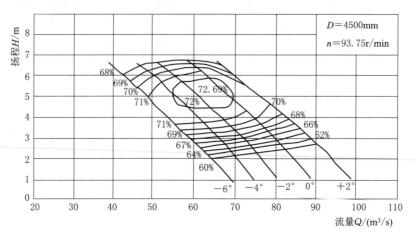

图 3.3－6　淮安二站泵装置特性曲线

表 3.3－7　　　　　　　　　　　　淮安二站泵装置性能曲线拟合表

叶片安放角/(°)	Q-H 拟合方程	Q-η 拟合方程
−4	$H=14.51419-0.16217Q-0.00204Q^2$ ($n=12$，$R^2=1$)	$\eta=-738.5874+87.2297Q-3.54364Q^2+0.06507Q^3-$ $0.000456319Q^4$（$n=12$，$R^2=0.998$）
−3.5	$H=13.87947-0.11326Q-0.00254Q^2$ ($n=12$，$R^2=1$)	$\eta=-1091.4649+120.79868Q-4.71954Q^2+0.08284Q^3-$ $0.000551847Q^4$（$n=12$，$R^2=1$）
−3	$H=13.19541-0.06586Q-0.00298Q^2$ ($n=12$，$R^2=1$)	$\eta=-1513.56808+158.72959Q-5.96753Q^2+0.10042Q^3-$ $0.000638792Q^4$（$n=12$，$R^2=1$）
−2.5	$H=12.43926-0.01861Q-0.00339Q^2$ ($n=12$，$R^2=1$)	$\eta=-2003.19996+200.44788Q-7.26208Q^2+0.11748Q^3-$ $0.000716525Q^4$（$n=12$，$R^2=1$）
−2	$H=11.59471+0.02914Q-0.00377Q^2$ ($n=12$，$R^2=1$)	$\eta=-2559.37301+245.42177Q-8.57822Q^2+0.13366Q^3-$ $0.000783802Q^4$（$n=12$，$R^2=0.996$）
−1.5	$H=11.86273+0.02634Q-0.00367Q^2$ ($n=12$，$R^2=1$)	$\eta=-2411.73653+225.58416Q-7.68124Q^2+0.11669Q^3-$ $0.000667909Q^4$（$n=12$，$R^2=1$）
−1	$H=12.14307+0.02349Q-0.00357Q^2$ ($n=12$，$R^2=1$)	$\eta=-2159.22289+197.70842Q-6.5712Q^2+0.09756Q^3-$ $0.000546545Q^4$（$n=12$，$R^2=1$）
−0.5	$H=12.45019+0.01992Q-0.00348Q^2$ ($n=12$，$R^2=1$)	$\eta=-1764.5952+159.16027Q-5.1776Q^2+0.07539Q^3-$ $0.000415248Q^4$（$n=12$，$R^2=1$）
+0	$H=12.84355+0.01291Q-0.00335Q^2$ ($n=12$，$R^2=1$)	$\eta=-1161.86184+105.09392Q-3.36576Q^2+0.04848Q^3-$ $0.00026558Q^4$（$n=12$，$R^2=0.999$）
+0.5	$H=12.01657+0.05101Q-0.0036Q^2$ ($n=12$，$R^2=1$)	$\eta=-1722.84102+150.71302Q-4.75351Q^2+0.06714Q^3-$ $0.000358731Q^4$（$n=12$，$R^2=1$）
+1	$H=11.16125+0.08811Q-0.00383Q^2$ ($n=12$，$R^2=1$)	$\eta=-2352.93735+199.81933Q-6.17955Q^2+0.08537Q^3-$ $0.000444702Q^4$（$n=12$，$R^2=1$）

叶片安放角/(°)	Q-H 拟合方程	Q-η 拟合方程
+1.5	$H=10.283+0.12403Q-0.00404Q^2$ ($n=12$, $R^2=1$)	$\eta=-3068.31489+253.36517Q-7.667Q^2+0.10346Q^3-$ $0.000525425Q^4$ ($n=12$, $R^2=1$)
+2	$H=9.44064+0.15667Q-0.00421Q^2$ ($n=12$, $R^2=1$)	$\eta=-3825.0611+307.57751Q-9.10083Q^2+0.11995Q^3-$ $0.000594187Q^4$ ($n=12$, $R^2=0.990$)
+2.5	$H=9.74936+0.15067Q-0.00407Q^2$ ($n=12$, $R^2=1$)	$\eta=-3746.83466+293.6236Q-8.46734Q^2+0.10884Q^3-$ $0.000526219Q^4$ ($n=12$, $R^2=1$)
+3	$H=10.10891+0.14351Q-0.00393Q^2$ ($n=12$, $R^2=1$)	$\eta=-3503.05381+268.25186Q-7.55355Q^2+0.0949Q^3-$ $0.0004489Q^4$ ($n=12$, $R^2=1$)
+4	$H=11.22802+0.11686Q-0.00356Q^2$ ($n=12$, $R^2=1$)	$\eta=-2334.59451+173.89805Q-4.72542Q^2+0.05751Q^3-$ $0.000264584Q^4$ ($n=12$, $R^2=0.997$)

6）淮安四站。淮安四站安装安装叶轮直径 2900mm、转速 150r/min、配套同步电动机额定功率 2240kW、叶片全调节立式轴流泵 4 台套，肘形进水，直管式出水，快速闸门断流。其性能曲线如图 3.3－7 所示，采用多项式拟合表达的不同叶片安放角下性能见表 3.3－8。

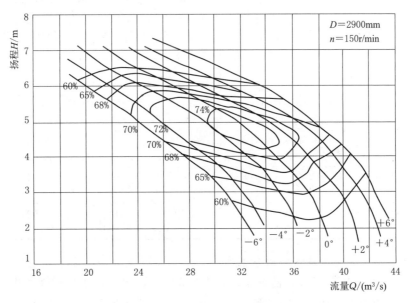

图 3.3－7　淮安四站泵装置性能曲线

表 3.3－8　　　　　　　　　　　　淮安四站泵装置性能曲线拟合表

叶片安放角/(°)	Q-H 拟合方程	Q-η 拟合方程
－4	$H=6.3624+0.20747Q-0.00981Q^2$ ($n=12$, $R^2=0.990$)	$\eta=11.2708-2.92991Q+0.47437Q^2-0.0104Q^3$ ($n=12$, $R^2=0.996$)
－3.5	$H=5.6514+0.26678Q-0.01068Q^2$ ($n=12$, $R^2=1$)	$\eta=32.27002-5.70908Q+0.57304Q^2-0.0113Q^3$ ($n=12$, $R^2=1$)

叶片安放角/(°)	$Q-H$ 拟合方程	$Q-\eta$ 拟合方程
-3	$H=4.88111+0.32744Q-0.01153Q^2$ $(n=11,\ R^2=1)$	$\eta=51.89296-8.19466Q+0.65574Q^2-0.01197Q^3$ $(n=11,\ R^2=1)$
-2.5	$H=3.96041+0.39572Q-0.01247Q^2$ $(n=11,\ R^2=1)$	$\eta=79.0549-11.36194Q+0.75793Q^2-0.01283Q^3$ $(n=11,\ R^2=1)$
-2	$H=2.82681+0.47493Q-0.01354Q^2$ $(n=12,\ R^2=0.992)$	$\eta=108.20933-14.56248Q+0.85539Q^2-0.01359Q^3$ $(n=12,\ R^2=0.994)$
-1.5	$H=3.24272+0.44017Q-0.01268Q^2$ $(n=11,\ R^2=1)$	$\eta=105.57559-14.3487Q+0.83689Q^2-0.01311Q^3$ $(n=11,\ R^2=1)$
-1	$H=3.56528+0.41253Q-0.01197Q^2$ $(n=11,\ R^2=1)$	$\eta=107.38486-14.59159Q+0.83419Q^2-0.01283Q^3$ $(n=11,\ R^2=1)$
0.5	$H=3.80877+0.39064Q-0.01137Q^2$ $(n=12,\ R^2=1)$	$\eta=110.47257-14.96187Q+0.83584Q^2-0.0126Q^3$ $(n=12,\ R^2=1)$
0	$H=4.19764+0.36044Q-0.01067Q^2$ $(n=12,\ R^2=0.991)$	$\eta=107.97601-14.7826Q+0.82003Q^2-0.0122Q^3$ $(n=12,\ R^2=0.998)$
$+0.5$	$H=3.60398+0.39424Q-0.01094Q^2$ $(n=11,\ R^2=1)$	$\eta=139.75675-18.00756Q+0.91519Q^2-0.01301Q^3$ $(n=11,\ R^2=1)$
$+1$	$H=2.87954+0.43407Q-0.01128Q^2$ $(n=11,\ R^2=1)$	$\eta=175.64963-21.50844Q+1.01545Q^2-0.01384Q^3$ $(n=11,\ R^2=1)$
$+1.5$	$H=2.20923+0.46949Q-0.01155Q^2$ $(n=11,\ R^2=1)$	$\eta=215.40935-25.26228Q+1.12019Q^2-0.01469Q^3$ $(n=11,\ R^2=1)$
$+2$	$H=1.45142+0.50826Q-0.01186Q^2$ $(n=12,\ R^2=0.979)$	$\eta=254.87567-28.87067Q+1.21697Q^2-0.01543Q^3$ $(n=12,\ R^2=0.996)$
$+2.5$	$H=0.91473+0.53858Q-0.01216Q^2$ $(n=11,\ R^2=1)$	$\eta=289.11706-31.99385Q+1.30033Q^2-0.01607Q^3$ $(n=11,\ R^2=1)$
$+3$	$H=0.29693+0.57243Q-0.01249Q^2$ $(n=11,\ R^2=1)$	$\eta=323.46333-35.0424Q+1.37922Q^2-0.01665Q^3$ $(n=11,\ R^2=1)$
$+4$	$H=-1.02422+0.64217Q-0.01315Q^2$ $(n=12,\ R^2=0.975)$	$\eta=403.71496-41.92157Q+1.5533Q^2-0.01792Q^3$ $(n=12,\ R^2=0.995)$

　　7）洪泽泵站。洪泽泵站安装叶轮直径 3150mm、转速 125r/min、配套同步电动机额定功率 3550kW 的叶片全调节立轴导叶式混流泵 5 台套，肘形进水，虹吸式出水，真空破坏阀断流。其性能曲线如图 3.3-8 所示，采用多项式拟合表达的不同叶片安放角下性能见表 3.3-9。

表 3.3-9　　　　　　　　　　　　洪泽泵站泵装置性能曲线拟合表

叶片安放角/(°)	$Q-H$ 拟合方程	$Q-\eta$ 拟合方程
-8	$H=-4.3173+1.0894Q-0.0258Q^2$ $(n=13,\ R^2=0.999)$	$\eta=596.60-64.523Q+2.6268Q^2-0.0352Q^3$ $(n=13,\ R^2=0.998)$
-6	$H=-5.4874+1.1304Q-0.0239Q^2$ $(n=16,\ R^2=0.998)$	$\eta=1094.40-106.030Q+3.6559Q^2-0.0417Q^3$ $(n=16,\ R^2=0.996)$

叶片 安放角/(°)	Q-H 拟合方程	Q-η 拟合方程
-4	$H=-1.3845+0.8285Q-0.0170Q^2$ ($n=15$，$R^2=0.999$)	$\eta=775.38-68.053Q+2.1859Q^2-0.0231Q^3$ ($n=15$，$R^2=0.998$)
-2	$H=-5.1819+0.9818Q-0.0175Q^2$ ($n=17$，$R^2=0.999$)	$\eta=660.19-55.204Q+1.7023Q^2-0.0171Q^3$ ($n=17$，$R^2=0.998$)
0	$H=-6.5466+0.9963Q-0.0162Q^2$ ($n=17$，$R^2=0.999$)	$\eta=563.91-44.127Q+1.2964Q^2-0.0124Q^3$ ($n=17$，$R^2=0.998$)
+2	$H=-8.4031+1.0274Q-0.0152Q^2$ ($n=17$，$R^2=0.999$)	$\eta=639.60-45.724Q+1.2180Q^2-0.0106Q^3$ ($n=17$，$R^2=0.998$)

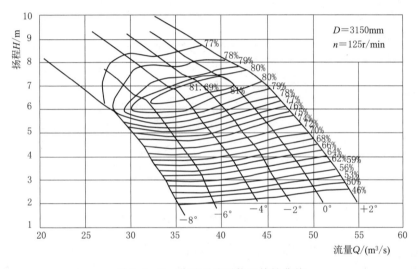

图 3.3-8　洪泽泵站泵装置特性曲线

8）金湖泵站。金湖泵站安装叶轮直径 3350mm、转速 115.4r/min，配套同步电动机额定功率 2200kW 的叶片全调节灯泡贯流泵 5 台套，其性能曲线如图 3.3-9 所示，采用多项式拟合表达的不同叶片安放角下性能见表 3.3-10。

表 3.3-10　　　　　　　　　　　　　金湖泵站泵装置性能曲线拟合表

叶片 安放角/(°)	Q-H 拟合方程	Q-η 拟合方程
-6	$H=5.9842+0.0065Q-0.0043Q^2$ ($n=12$，$R^2=0.999$)	$\eta=44.553-3.0860Q+0.3922Q^2-0.0084Q^3$ ($n=12$，$R^2=0.976$)
-4	$H=5.5604+0.0529Q-0.0045Q^2$ ($n=13$，$R^2=0.998$)	$\eta=32.164-1.6955Q+0.2924Q^2-0.0060Q^3$ ($n=13$，$R^2=0.985$)
-2	$H=5.4208+0.0655Q-0.0041Q^2$ ($n=13$，$R^2=0.997$)	$\eta=31.092-1.8054Q+0.2625Q^2-0.0049Q^3$ ($n=13$，$R^2=0.990$)
0	$H=5.3764+0.0707Q-0.0038Q^2$ ($n=13$，$R^2=0.994$)	$\eta=36.923-2.8844Q+0.2851Q^2-0.0047Q^3$ ($n=13$，$R^2=0.986$)

续表

叶片 安放角/(°)	Q-H 拟合方程	Q-η 拟合方程
+2	$H=6.2462+0.0277Q-0.0028Q^2$ $(n=9,\ R^2=1)$	$\eta=122.60-10.053Q+0.4448Q^2-0.0055Q^3$ $(n=9,\ R^2=0.989)$
+4	$H=6.0774+0.0428Q-0.0027Q^2$ $(n=8,\ R^2=1)$	$\eta=285.23-21.474Q+0.6837Q^2-0.0069Q^3$ $(n=8,\ R^2=0.995)$
+6	$H=6.3413+0.0340Q-0.0024Q^2$ $(n=8,\ R^2=1)$	$\eta=255.46-18.141Q+0.5591Q^2-0.0054Q^3$ $(n=8,\ R^2=0.996)$

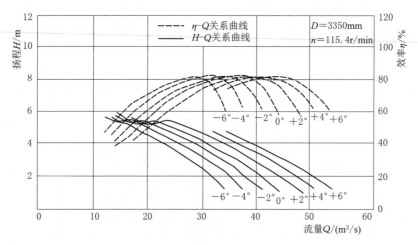

图 3.3-9　金湖泵站泵装置特性曲线

9）淮阴一站。淮阴一站安装叶轮直径 3100mm、转速 125r/min，配套同步电动机功率 2000kW 的叶片全调节立式轴流泵 4 台套。肘形进水，虹吸式出水，真空破坏阀断流。其性能特性曲线如图 3.3-10 所示，采用多项式拟合表达的不同叶片安放角下性能见表 3.3-11。

表 3.3-11　　　　　　　　　　　淮阴一站泵装置性能曲线拟合表

叶片 安放角/(°)	Q-H 拟合方程	Q-η 拟合方程
-4	$H=4.01811+0.57849Q-0.0269Q^2$ $(n=9,\ R^2=0.999)$	$\eta=135.49011-18.33036Q+1.36947Q^2-0.0303Q^3$ $(n=9,\ R^2=0.994)$
-3.5	$H=3.54958+0.61263Q-0.02596Q^2$ $(n=8,\ R^2=1)$	$\eta=151.6554-20.54927Q+1.42207Q^2-0.0294Q^3$ $(n=8,\ R^2=1)$
-3	$H=3.10444+0.64056Q-0.02499Q^2$ $(n=8,\ R^2=1)$	$\eta=164.74517-22.16792Q+1.44183Q^2-0.0281Q^3$ $(n=8,\ R^2=1)$
-2.5	$H=2.67111+0.66439Q-0.02405Q^2$ $(n=10,\ R^2=1)$	$\eta=188.8911-25.16988Q+1.52106Q^2-0.0278Q^3$ $(n=10,\ R^2=1)$
-2	$H=2.17678+0.69006Q-0.02324Q^2$ $(n=11,\ R^2=1)$	$\eta=214.71394-28.15104Q+1.59192Q^2-0.02742Q^3$ $(n=11,\ R^2=0.989)$

叶片安放角/(°)	Q-H 拟合方程	Q-η 拟合方程
−1.5	$H=2.80372+0.6083Q-0.02021Q^2$ ($n=10$, $R^2=1$)	$\eta=190.41191-23.73412Q+1.32012Q^2-0.02209Q^3$ ($n=10$, $R^2=1$)
−1	$H=3.31539+0.54176Q-0.01774Q^2$ ($n=10$, $R^2=1$)	$\eta=166.87808-19.77683Q+1.09088Q^2-0.01781Q^3$ ($n=10$, $R^2=1$)
−0.5	$H=3.74902+0.48662Q-0.01571Q^2$ ($n=11$, $R^2=1$)	$\eta=148.50592-16.71744Q+0.91497Q^2-0.01458Q^3$ ($n=11$, $R^2=1$)
0	$H=4.19539+0.4351Q-0.01393Q^2$ ($n=11$, $R^2=1$)	$\eta=130.61561-13.95827Q+0.7652Q^2-0.01196Q^3$ ($n=11$, $R^2=0.986$)
+0.5	$H=3.85871+0.44307Q-0.01326Q^2$ ($n=11$, $R^2=1$)	$\eta=133.09127-13.81951Q+0.72567Q^2-0.01088Q^3$ ($n=11$, $R^2=1$)
+1	$H=3.47075+0.45336Q-0.01269Q^2$ ($n=11$, $R^2=1$)	$\eta=134.30716-13.5491Q+0.68471Q^2-0.00988Q^3$ ($n=11$, $R^2=1$)
+1.5	$H=3.13761+0.45939Q-0.01212Q^2$ ($n=11$, $R^2=1$)	$\eta=135.27402-13.284Q+0.64763Q^2-0.00901Q^3$ ($n=11$, $R^2=1$)
+2	$H=2.76722+0.467Q-0.01162Q^2$ ($n=9$, $R^2=1$)	$\eta=135.52872-12.97513Q+0.6122Q^2-0.00823Q^3$ ($n=9$, $R^2=1$)
+2.5	$H=2.00496+0.5007Q-0.01165Q^2$ ($n=9$, $R^2=1$)	$\eta=183.16741-16.73412Q+0.69594Q^2-0.00866Q^3$ ($n=9$, $R^2=1$)
+3	$H=1.27819+0.53051Q-0.01164Q^2$ ($n=9$, $R^2=1$)	$\eta=220.40592-19.38057Q+0.74376Q^2-0.00874Q^3$ ($n=9$, $R^2=1$)
+4	$H=0.00103+0.57591Q-0.01144Q^2$ ($n=8$, $R^2=1$)	$\eta=276.49399-22.78922Q+0.78345Q^2-0.00844Q^3$ ($n=8$, $R^2=1$)

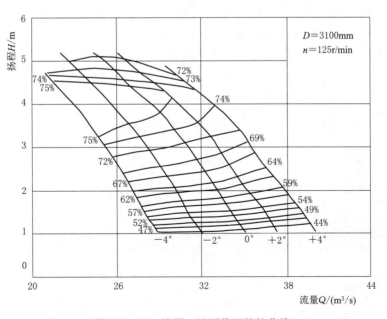

图 3.3-10 淮阴一站泵装置特性曲线

3.3.2 变频变速调节

（1）性能表达方式。大量的试验数据表明，叶片泵在一定转速范围内其性能符合相似定律，且效率基本不变。因此，对于变频调速的水泵性能，可以采用相似换算公式得到连续的转速变化时的性能，即

$$\begin{cases} \dfrac{H_1}{H_2} = \left(\dfrac{n_1}{n_2}\right)^2 \\ \dfrac{Q_1}{Q_2} = \dfrac{n_1}{n_2} \\ \dfrac{N_1}{N_2} = \left(\dfrac{n_1}{n_2}\right)^3 \end{cases} \tag{3-12}$$

式中：H 为扬程，m；Q 为流量，m^3/s；N 为功率，kW；n 为转速，r/min；下标 1、2 分别表示工况 1 和工况 2。

只要某一转速 n_1 下的性能已知便可根据式（3-12）推算出一定转速范围内任意转速 n_2 下的性能，同样可以采用式（3-11）表示为多项式的形式，即

$$\begin{cases} H_2 = aQ_2^2 + b\left(\dfrac{n_2}{n_1}\right)Q_2 + c\left(\dfrac{n_2}{n_1}\right)^2 \\ \eta_2 = d\left(\dfrac{n_1}{n_2}\right)^3 Q_2^3 + e\left(\dfrac{n_1}{n_2}\right)^2 Q_2^2 + f\left(\dfrac{n_1}{n_2}\right)Q_2 + g \end{cases} \tag{3-13}$$

需要指出的是，随着转速调节范围的变大，相似工况点的效率不再相等，应该进行适当的修正，修正的依据主要依赖于模型试验研究。

（2）变频调速工程实例。淮阴三站安装叶轮直径 3140mm、额定频率下转速为 125r/min、配套电动机额定功率 2200kW 的变频调速灯泡贯流泵 4 台套。模型试验时确定叶片的安放角为 -0.5°，并分别进行了 990r/min 和 1250r/min 两种不同转速的性能试验。试验结果符合相似定律。根据试验数据换算至原型机组（$D=3140$mm）额定频率下 $n=$ 125r/min 和 $n=115.5$r/min 两种转速的性能曲线如图 3.3-11 所示。

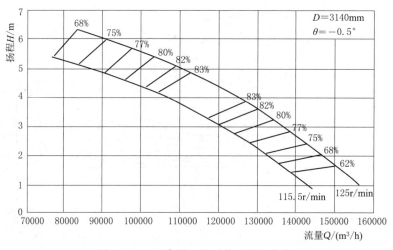

图 3.3-11 淮阴三站泵装置性能曲线

根据额定转速下的性能，采用式（3-11）拟合得到：

$$\begin{cases} H=-0.00727Q^2+0.22785Q+4.81665 \\ \eta=-0.01252Q^3+1.0182Q^2-25.9094Q+275.52701 \end{cases} \tag{3-14}$$

再根据式（3-12）可得到一定转速范围（75～150r/min）下的性能，表示为式（3-13）的形式，即

$$\begin{cases} H(n)=-0.00727Q^2+0.0018228nQ+0.000308n^2 \\ \eta(n)=-244531.25\left(\dfrac{Q}{n}\right)^3+15909.375\left(\dfrac{Q}{n}\right)^2-3238.675\left(\dfrac{Q}{n}\right)+275.52701 \end{cases} \tag{3-15}$$

因此变频调速时任意转速下其性能可以采用数学表达式表示，为机组的优化运行调度提供了便利。

3.4 低扬程泵站安全运行控制条件

泵站安全运行是泵站运行的基础，是泵站可靠性的保证。只有在保证安全运行的条件下研究泵站优化调度才有意义，而且优化调度的不同约束条件都必须满足安全运行要求。因此，在开展低扬程泵站优化运行与调度研究之前首先研究泵站安全运行的控制条件。

3.4.1 影响低扬程泵站安全运行的主要因素

影响泵站安全运行的因素很多、而且也非常复杂。根据国内外若干座大型低扬程泵站运行过程中发生的事故和故障统计分析，泵站发生故障的类型主要有两种：一种是由建筑物或设备自身缺陷引起的故障，包括设计、施工、生产加工、安装调试等过程中存在的质量缺陷导致故障的发生，称之为内部原因；另一种是由于运行条件发生改变、偏离原先设计值，交变荷载的长期作用使建筑物、零件产生疲劳破坏导致的故障发生，称之为外部原因。这两种故障类型在许多场合难以区分，而且相互影响，质量缺陷的存在会导致故障发生的概率增大。

从故障对泵站的影响可以分为对泵站外部的影响和对泵站自身的影响。对泵站外部的影响包括由于泵站未在安全控制条件下运行而产生的泵站以外的事故或故障，例如出水渠（河道）侧向流速过大导致航行失事危及人身安全，电机、变压器过载引起供电线路侧跳闸而影响其他用电户，以及泵站运行噪声超标造成周边环境污染等。

泵站自身的影响主要表现为泵站的建筑物破损和设备故障。这类影响基本上都有书面记录，可以进行统计和分类分析。根据江苏省大中型泵站资料，泵站建筑物方面的故障主要集中在由于污物过多导致拦污设施故障、水位过高引起水工建筑物开裂和构件破损，以及流速过大引起的上下游翼墙护坡塌陷等，建筑物故障类型统计如图 3.4-1 所示。

设备故障以江都三站和江都四站为例。现对改造前 25 年运行中的失效故障进行统计分析，共发生导致停机检修的严重故障 38 次，其分类统计及故障率如表 3.4-1 所列。由表 3.4-1 可知，机组的轴承和电机是故障较高的部件，电机推力轴承和水泵导轴承占 39.5%，其次是电机定子绝缘占 34.2%。江都三站、四站故障统计与分类见图 3.4-2。

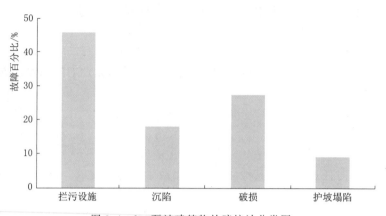

图 3.4 - 1　泵站建筑物故障统计分类图

表 3.4 - 1　　　　　　　　　水泵机组故障分类统计表

部　件	电机推力轴承	水泵导轴承	电机定子绝缘	电机冷却器	叶片调节机构	其他	合计
江都三站/次	0	4	8	0	0	3	15
江都四站/次	9	2	5	1	2	4	23
故障率/%	23.7	15.8	34.2	2.6	5.3	18.4	100
故障类型	内、外	内、外	外	外	外	内、外	

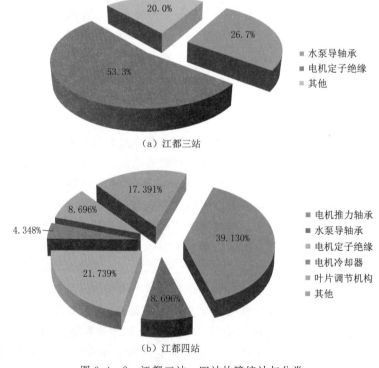

（a）江都三站

（b）江都四站

图 3.4 - 2　江都三站、四站故障统计与分类

通过调查江苏省 59 座大型低扬程泵站运行情况，发生过重大问题和事故的泵站有 14 座，粗略统计 10 年内各部件故障发生的次数如图 3.4-3 所示，计 52 次，出现问题的部件及机构主要为电机推力轴承 10 次、占 19.2%；水泵导轴承 8 次、占 15.4%；电机定子绝缘 18 次、占 34.6%；叶片调节机构 3 次、占 5.8%；叶片空蚀等 13 次、占 25.0%。显然，与江都三站、四站的统计结果类似，故障率较高的是轴承和电机，均为 34.6%。从多座泵站统计结果来看，叶片气蚀破坏也是不可忽视的因素。

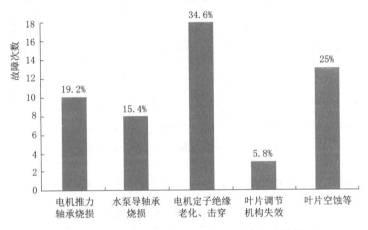

图 3.4-3　大型泵站机组关键部件故障频次统计图

3.4.2　低扬程泵站安全运行控制条件的确定

（1）建筑物安全主要参数。根据低扬程泵站的特点，泵站建筑物包括基础、进出水池、流道、上下游翼墙、厂房等。影响泵站安全运行的建筑物参数有混凝土结构安全状态、站身稳定安全状态、结构承载能力和上下游翼墙安全状态 4 项指标，针对每一项指标还可以进一步细化成 15 项指标，如图 3.4-4 所示。与泵站运行参数有关的影响因素有通过建筑物的水流特性，包括流速、流向等，因此安全运行控制条件包括下游最低控制水位、输水河道最低通航水位及堤防最高控制水位、最大行进流速和侧向流速等。

（2）泵站设备安全运行主要参数。泵站设备种类繁多，从安全运行的角度划分为主设备、辅助设备和电气设备等。主设备包括主水泵、主电动机及传动设备；辅助设备包括油、气、水和量测系统以及清污、断流、起重等设施；电气设备包括了高压和低压、励磁、变频、控制与保护、通信与监测等，而且随着科技的发展与进步，新技术和新设备在泵站工程中的应用也在不断增加。

（3）泵站安全运行控制条件的主要指标体系。保证泵站安全运行是泵站运行管理的首要任务，是完成调水量的根本措施，同时也是实现泵站优化调度运行的先决条件。根据国家标准和不同地区低扬程泵站的相关运行规程的规定，确定安全运行控制条件的主要指标，包括建筑物和各类设备的功能性指标以及运行管理性指标两大类。

1）安全运行控制条件的功能性指标有以下 8 组。

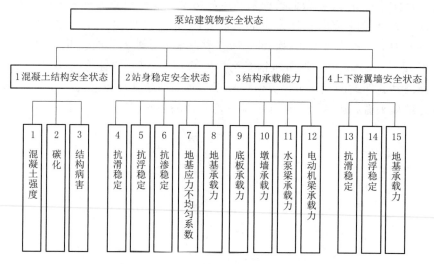

图 3.4 - 4　泵站建筑物的安全指标体系

a. 建筑物完好率、设备完好率、安全运行率控制指标（见表 3.4 - 2）。

表 3.4 - 2　　　　　建筑物完好率、设备完好率、安全运行率控制指标

项　目	类　型	要　求
建筑物完好率	定量	＞85％
设备完好率	定量	＞90％
安全运行率	定量	≥98％

b. 泵站效率控制指标（见表 3.4 - 3）。

表 3.4 - 3　　　　　　泵 站 效 率 控 制 指 标

项　目	内　容	类　型	要　求
泵站效率（轴流泵或导叶式混流泵）	净扬程小于 3m	定量	＞55％
	净扬程 3～5m（不含 5m）	定量	＞60％
	净扬程 5～7m（不含 7m）	定量	＞64％
	净扬程 7m 及以上	定量	＞68％

c. 泵站能源单耗综合指标（见表 3.4 - 4）。

表 3.4 - 4　　　　　　泵站能源单耗综合指标

项　目	内　容	类　型	要　求
泵站能源单耗	净扬程小于 3m 的轴流泵站或导叶式混流泵站	定量	＜4.95kW·h（kt·m）
	净扬程 3m 及 3m 以上的轴流泵站或导叶式混流泵站	定量	＜4.53kW·h（kt·m）

d. 主水泵安全运行控制条件指标（见表 3.4 - 5）。

表 3.4－5 　　　　　　　　　　　主水泵安全运行控制条件指标

项　目	内　容	类　型	要　求
主水泵	水源含沙率	定量	<7%
	水泵空蚀范围	定量	在允许范围内
	水泵振动范围	定量	
	水泵噪声范围	定量	
	运行台数少于泵站装机台数的	定性	轮换开机

e. 主电动机安全运行控制条件指标（见表 3.4－6）。

表 3.4－6 　　　　　　　　　　　主电动机安全运行控制条件指标

项　目	内　容	类　型	要　求
主电动机	冷热状态下连续启动的次数	定量	符合相关规定
	冷热状态下连续启动的间隔时间	定量	
	运行电压	定量	额定电压的 95%～110%
	过电流与运行时间关系	定量	参见相关规程规定
	电动机定子线圈的温升	定量	不超过制造厂规定数值，若无规定数值，可参见相关规程规定
	电动机三相电流不平衡之差与额定电流之比	定量	≤10%
	同步电动机励磁电流	定量	不超过额定值
	电动机允许振幅	定量	参见相关规程规定
	电动机轴承允许最高温度	定量	不超过制造厂规定数值，若无规定数值，可参见相关规程规定

f. 变压器安全运行控制条件指标（见表 3.4－7）。

表 3.4－7 　　　　　　　　　　　变压器安全运行控制条件指标

项　目	内　容	类　型	要　求
变压器	自然冷却和风机冷却油浸式变压器事故过负荷允许持续时间	定量	参见相关规程规定
	变压器运行电压	定量	不高于该运行分接额定电压的 105%
	油浸式变压器顶层最高油温	定量	参见相关规程规定
	站用变压器中性线最大允许电流	定量	不超过额定电流 25%
	干式变压器各部位温度允许值	定量	参见相关规程规定

g. 其他电气设备及辅助设备安全运行控制条件指标（见表 3.4－8）。

表 3.4－8 　　　　　　　其他电气设备及辅助设备安全运行控制条件指标

项　目	内　容	类　型	要　求
其他电气设备	电缆的负荷电流	定量	不超过设计允许的最大负荷电流
	电缆的长期允许工作温度	定量	符合制造厂的规定

续表

项　目	内　容	类　型	要　求
辅助设备	压力油系统的油质、油温、油压、油量	定量	符合要求
	润滑油系统的油质、油温、油压、油量	定量	符合要求
	供水系统的水质、水温、水量、水压	定量	满足运行要求
	压缩空气系统的工作压力值	定量	符合使用要求

h. 金属结构安全运行控制条件指标（见表 3.4-9）。

表 3.4-9　　　　　　　金属结构安全运行控制条件指标

项　目	内　容	类　型	要　求
金属结构	拍门、虹吸式出水流道的真空破坏阀、采用快速闸门断流的快速闸门控制系统、水锤防护设施、齿轮箱、拦污栅、清污机、起重机、压力容器、安全阀、压力管道	定性	满足规范的要求

2）安全运行控制条件的运行管理性指标有以下 2 组。

a. 有关需增加巡视次数的安全管理指标（见表 3.4-10）。

表 3.4-10　　　　　　　需增加巡视次数的安全管理指标

项　目	内　容	类　型	要　求
巡视次数	恶劣气候	定量	根据不同泵站的运行规程确定
	新安装的、经过检修或改造的、长期停用的设备投入运行初期	定量	
	设备缺陷有恶化的趋势	定量	
	设备过负荷或负荷有显著变化	定量	
	运行设备有异常迹象	定量	
	有运行设备发生事故跳闸未查明原因，且还有设备正在运行	定量	
	有运行设备发生事故或故障，且曾发生同类事故或故障的设备正在运行	定量	

b. 严寒季节运行保温防冻措施的安全管理指标（见表 3.4-11）。

表 3.4-11　　　　　　严寒季节运行保温防冻措施的安全管理指标

项　目	类　型	要　求
严寒季节运行保温防冻措施	定性	排净设备及管道内积水
	定性	电气设备和自动化装置应在最低环境温度限值以上运行

第4章

▶ 单机组优化运行方法研究

4.1 单机组优化运行相关定义

单机组优化运行方法研究以江都四站为例。

江都四站安装 7 台套立式轴流泵，机组额定转速 $n=150\text{r/min}$，叶轮直径为 2900mm。水泵叶片为液压全调节，额定叶片安放角 $\theta=0°$，其调节范围为 $[-4°，+4°]$，电动机额定功率 $N_0=3400\text{kW}$，以此对江都四站进行单机组运行优化分析。为方便讨论，对相关概念定义如下。

(1) 日均扬程与潮差：江都站不同年型（丰、平、枯）、不同月份可能发生的日均扬程为 3.8～7.8m；不同年型、不同月份的潮型（涨落潮时间：平均涨潮历时 3h37min，落潮历时 8h49min，总计 24h52min）基本保持不变，日均潮差在 1.1～1.3m，变幅不大。在模型分析中，对潮型进行了概化，各种工况的潮差均以 1.2m 计。潮型概化如图 4.1-1 所示。

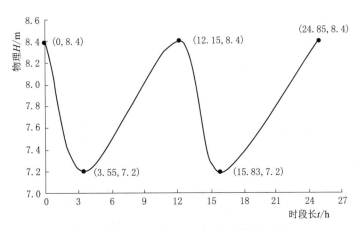

图 4.1-1　日均扬程 7.8m 概化潮位过程

注：图中（a，b）为（距起潮时刻时段长，扬程）

(2) 定角恒速运行方式与 100％负荷、80％负荷、60％负荷工作：以额定转速 150r/min，叶片安放角 0°，称之为定角恒速运行方式（或称额定运行）；对应日均扬程定角恒速运行 1d（24h），即为 100％负荷（或称满负荷）工作。80％、60％负荷，即提水总量为对应 100％负荷工作提水总量的 80％、60％。

（3）峰谷电价：采用 2008 年 7 月江苏省物价局公布的峰谷分时销售电价，如表 4.1-1所列。

表 4.1-1　　　　　　　　　　　　　　1d 时段划分及各时段峰谷电价

时段，时段长	电价/［元/(kW·h)］	时段，时段长	电价/［元/(kW·h)］
Ⅰ（17：00—19：00），2h	0.978	Ⅵ（07：00—09：00），2h	0.978
Ⅱ（19：00—21：00），2h	0.978	Ⅶ（09：00—11：00），2h	0.978
Ⅲ（21：00—23：00），2h	0.587	Ⅷ（11：00—14：00），3h	0.587
Ⅳ（23：00—03：00），4h	0.276	Ⅸ（14：00—17：00），3h	0.587
Ⅴ（03：00—07：00），4h	0.276		

注　2008 年 7 月江苏省物价局公布的峰谷分时销售电价。

4.2　单机组优化运行数学模型

考虑峰谷电价、水位变幅等情况，将 1d（24h）划分 SN 段，以此来研究单机组优化运行规律。以日开机运行总耗电费用最少为目标函数，1d（24h）划分的时段为阶段变量，各时段叶片安放角、水泵转速为决策变量，规定时段内的提水总量、电动机额定功率为约束条件，构建单机组优化运行数学模型，即

目标函数：

$$f = \min \sum_{i=1}^{SN} s_i = \min \sum_{i=1}^{SN} \frac{\rho g Q_i(\theta_i, n_i) H_i}{\eta_{z,i}(\theta_i, n_i) \eta_{mot} \eta_{int} \eta_f} \Delta T_i P_i \tag{4-1}$$

总水量约束：

$$\sum_{i=1}^{SN} Q_i(\theta_i, n_i) \Delta T_i \geqslant W_e \tag{4-2}$$

功率约束：

$$N_i(\theta_i, n_i) \leqslant N_0 \tag{4-3}$$

式中：f 为单机组 1d 运行最小能耗费用，元；s_i 为机组第 i 时段运行能耗费用，元；ρ 为水密度，kg/m³；g 为重力加速度，m/s²；H_i 为第 i 时段的平均扬程，m；$Q_i(\theta_i, n_i)$ 为在第 i 时段的水泵流量，m³/s，当日均扬程（H_i）一定时，其为叶片安放角（θ_i）、机组转速（n_i）的函数，其中，$Q_i(\theta_i, n_i)$ ＝0 表示该阶段停机；ΔT_i 为第 i 时段的时间长度，h；P_i 为第 i 时段的电价，元/(kW·h)，采用江苏省物价局公布的现行峰谷和非峰谷电价；W_e 为单机组日提水总量，万 m³；$\eta_{z,i}(\theta_i, n_i)$、$\eta_{mot}$、$\eta_{int}$、$\eta_f$ 分别为水泵装置效率、电动机效率、传动效率和变频效率，$\eta_{z,i}(\theta_i, n_i)$ 与第 i 时段流量、扬程有关；在负荷大于 60％时，可以认为电动机效率（η_{mot}）基本不变，大型电机的 η_{mot} 值在 94％左右；直连机组的传动效率（η_{int}）为 100％；大功率高压变频器的变频效率（η_f）在 96％左右；$N_i(\theta_i, n_i)$ 为第 i 时段对应叶片安放角 θ_i、机组转速 n_i 的实际功率，应小于等于电动机额定功率 N_0。

4.3 受潮汐影响的泵站最优开机时刻研究

4.3.1 泵站最优开机时刻确定的数学方法

在模型式（4-1）～式（4-3）中，将1d划分为24时段，以满负荷工作考虑。各时段时均扬程下的流量及其对应各效率代入模型，即可获得1d满负荷工作泵站单机组运行能耗费用。对24种开机时刻（从起潮开始及每延后1h，1种泵站开机时刻计），分别以定角恒速（额定转速 $n=150$ r/min，额定叶片安放角 $\theta=0°$）、叶片全调节优化运行（各时段额定转速 $n=150$ r/min 运行，动态、规划方法优化叶片安放角），求得各时段对应1d运行能耗费用；然后，分别对应定角恒速、叶片全调节2种模式，在各自的24种开机时刻的计算结果中，选择最低提水费用及对应的最优开机时刻。其核心是潮位与峰谷电价组合对开机时刻的影响。

4.3.2 江都四站最优开机时刻优化结果及分析

江都四站不同叶片安放角时 Q-H、Q-η 性能曲线拟合表达式见表3.3-5，依次代入模型式（4-1）～式（4-3），根据1d（24h）各时段平均扬程即可求出机组不同叶片安放角度下的流量（m^3/s）及对应效率（%）。

从农历初一开始，分别针对单机组定角恒速运行和叶片全调节运行优化模型，逐日（1d 24种开机时刻）求解月内每日泵站最小运行能耗费用，并由此确定机组每日最优开机时刻，将计算结果列于表4.3-1中。定角恒速运行与叶片全调节运行两种情况下每日最优单位提水费用比较如图4.3-1所示。

表 4.3-1 不同运行状态下月内每日最优开机时刻确定

农历	起潮时刻	起潮时刻电价/元	24种开机最优时刻		农历	起潮时刻	起潮时刻电价/元	24种开机最优时刻	
			定角恒速	叶片全调节				定角恒速	叶片全调节
初一	04：25	0.276	16：25	16：25	十六	04：08	0.276	16：08	16：08
初二	05：12	0.276	17：12	17：12	十七	04：45	0.276	16：45	16：45
初三	05：51	0.276	17：51	04：51	十八	05：35	0.276	05：35	17：35
初四	06：25	0.276	06：25	07：25	十九	06：00	0.276	06：00	06：00
初五	06：45	0.276	06：45	06：45	二十	06：30	0.276	06：30	06：30
初六	07：10	0.978	07：10	07：10	廿一	06：50	0.276	06：50	06：50
初七	07：43	0.978	07：43	07：43	廿二	07：38	0.978	07：38	07：38
初八	07：52	0.978	07：52	08：52	廿三	08：14	0.978	08：14	09：14
初九	08：11	0.978	08：11	09：11	廿四	09：00	0.978	21：04	09：04
初十	09：03	0.978	21：03	09：03	廿五	09：54	0.978	21：54	21：54
十一	09：51	0.978	21：51	21：51	廿六	11：16	0.587	23：16	10：16
十二	00：31	0.276	12：31	12：31	廿七	00：40	0.276	12：40	12：40
十三	01：49	0.276	13：49	13：49	廿八	02：07	0.276	14：07	14：07
十四	02：22	0.276	14：22	14：22	廿九	03：26	0.276	15：26	15：26
十五	03：30	0.276	15：30	15：30	三十	03：41	0.276	15：41	15：41

51

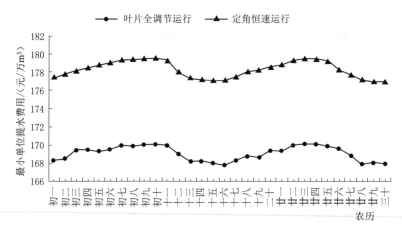

图 4.3-1　两种运行方式下月内日最小单位提水费用比较图

优化结果表明：

（1）每日的最优开机时刻随潮汐过程不同而变化，主要取决于当日的起潮时刻。定角恒速运行时月内每日的最优开机时刻分 2 种情况：分别为当日时刻及起潮后 12h。叶片全调节运行时月内每日的最优开机时刻分 4 种情况：分别为当日时刻、起潮后 12h 以及起潮前、后 1h。其中前面二者为主要开机方式（共 24d），占月内总日数的 80%。

（2）定角恒速运行时，当起潮时刻位于 05：30—09：00 区间内（即农历初四至初九，农历十八至廿三），泵站单机组最优开机时刻为当日起潮时刻。当起潮时刻位于其他时间区间内（即农历初十至十七，农历廿四至初二，初三除外），最优开机时刻为当日起潮时刻向后推迟 12h。可见自农历二十九至下月二十八日内每日最优开机时刻存在对称性分布规律，如图 4.3-2 所示。

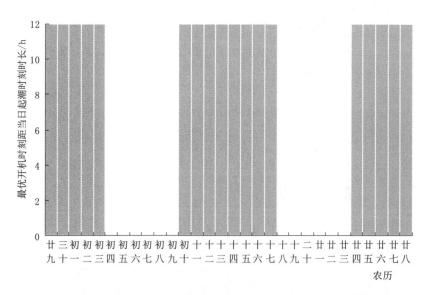

图 4.3-2　定角恒速运行时最优开机时刻与当日起潮时刻关系图

（3）定角恒速运行下日最小单位提水费用主要取决于当日起潮时刻的峰谷电价，高电价对应于较高的日最小单位提水费用，月内每日最大单位提水费用节省幅度为 $0.69\%\sim 0.88\%$；叶片全调节优化运行下日最小提水费用主要取决于峰谷电价过程，对应的单位提水费用较定角恒速运行下的日最小单位提水费用节省 $4.85\%\sim5.37\%$。

4.4　单机组叶片全调节优化运行方法研究

单机组叶片全调节日优化运行，指在运行过程中，泵机组转速恒定（额定 $150\mathrm{r/min}$），各阶段根据运行工况调节水泵叶片安放角度，使泵机组能耗最低的优化运行方式。

4.4.1　叶片可调单机组运行优化模型的建立与求解

（1）模型建立。以日开机运行总耗电费用最少为目标函数，各时段水泵运行的叶片安放角为决策变量，规定时段内的抽水量和电机配套功率为约束条件，建立单机组叶片全调节优化运行数学模型，其中将 1d 考虑峰谷电价与潮位涨落情况划分为 SN 时段。则

目标函数：

$$f = \min \sum_{i=1}^{SN} s_i = \min \sum_{i=1}^{SN} \frac{\rho g Q_i(\theta_i) H_i}{\eta_{z,i}(\theta_i)\eta_{\mathrm{mot}}\eta_{\mathrm{int}}} \Delta T_i P_i \qquad (4-4)$$

总水量约束：

$$\sum_{i=1}^{SN} Q_i(\theta_i)\Delta T_i \geqslant W_e \qquad (4-5)$$

功率约束：

$$N_i(\theta_i) \leqslant N_0 \qquad (4-6)$$

式中：$Q_i(\theta_i)$ 为在第 i 时段的水泵流量，$\mathrm{m^3/s}$，在扬程、转速一定时，其为叶片安放角（θ_i）的函数；$\eta_{z,i}$ 为水泵装置效率，与 i 时段流量、扬程有关；$N_i(\theta_i)$ 为第 i 时段对应扬程（H_i）、叶片安放角（θ_i）的实际功率，kW；其余变量含义按式（4-1）～式（4-3）变量含义类推。

（2）时段划分与叶片角离散。综合考虑大型泵站不宜频繁开停机要求、潮位涨落、峰谷电价过程、模型精度影响及对应优化工作量，将 1d 划分为 9 个时段，详见表4.1-1。

同样，决策变量叶片安放角，从理论上讲可以连续调节，但考虑液压全调节的特点、对应扬程的功率约束、运行管理习惯、模型精度及优化工作量，叶片角度取整数度离散。

（3）动态规划模型求解过程。上述模型式（4-4）～式（4-6）为典型的一维动态规划模型，阶段变量为 $i(i=1,2,\cdots,SN)$；决策变量为叶片安放角（θ_i），由式（4-5）可知不同阶段的提水量即为状态变量（λ）。对应递推方程为

阶段 $i=1$：

$$g_1(\lambda_1) = \min \frac{\rho g Q_1(\theta_1) H_1}{\eta_{z,1}(\theta_1) \eta_{\text{mot}} \eta_{\text{int}}} \Delta T_1 P_1 \qquad (4-7)$$

状态变量 λ_1，其可在对应可行域内离散：$\lambda_1 = 0, W_1, W_2, \cdots, W_e$。

决策变量叶片安放角（θ_1）可在对应可行域内离散，如$-4°$、$-2°$、$0°$、$+2°$、$+4°$等，结合式（4-5）应满足：$Q_1(\theta_1) \Delta T_1 \geqslant \lambda_1$。

此时，由叶片安放角（θ_1）、时均扬程（H_1）从水泵装置性能关系得到对应时均流量与装置效率（$\eta_{z,1}$）。

阶段 i：

$$g_i(\lambda_i) = \min \left[\frac{\rho g Q_i(\theta_i) H_i}{\eta_{z,i}(\theta_i) \eta_{\text{mot}} \eta_{\text{int}}} \Delta T_i P_i + g_{i-1}(\lambda_{i-1}) \right] \qquad (4-8)$$

状态变量 λ_i，同样离散：$\lambda_i = 0, W_1, W_2, \cdots, W_e$；叶片安放角（$\theta_i$）离散同上，并应满足：$Q_i(\theta_i) \Delta T_i \geqslant \lambda_i$；由式（4-5）得状态转移方程：

$$\lambda_{i-1} = \lambda_i - Q_i(\theta_i) \Delta T_i \qquad (4-9)$$

式中：$i = 2, 3, \cdots, SN-1$。

阶段 SN：

$$g_{SN}(\lambda_{SN}) = \min \left[\frac{\rho g Q_{SN}(\theta_{SN}) H_{SN}}{\eta_{z,SN}(\theta_{SN}) \eta_{\text{mot}} \eta_{\text{int}}} \Delta T_{SN} P_{SN} + g_{SN-1}(\lambda_{SN-1}) \right] \qquad (4-10)$$

状态变量 λ_{SN}，由式（4-5）可知：$\lambda_{SN} = W_e$；决策变量叶片安放角（θ_{SN}），同样在对应可行域内离散，应满足：$\lambda_{SN-1} = \lambda_{SN} - Q_{SN}(\theta_{SN}) \Delta T_{SN}$；$\lambda_{SN} \geqslant W_e$。

4.4.2 单机组叶片全调节优化运行结果

以江都四站单机组叶片全调节优化运行为例加以说明。不同日均扬程（7.8m、6.8m、5.8m、4.8m 和 3.8m），不同提水负荷（100%、80%、60%），峰谷与非峰谷电价时，叶片调节优化运行与定角恒速运行结果如图 4.4-1 所示。以日均扬程 7.8m 为例，日提水量 $2.95 \times 10^6 \text{m}^3$ 的单机组优化运行结果见表 4.4-1；各日均扬程下满负荷额定运行及叶片全调节优化运行费用见表 4.4-2。

不同日均扬程情况下，不管是否实行峰谷电价，叶片调节优化运行效益明显，且日提水负荷越小，效益越显著。

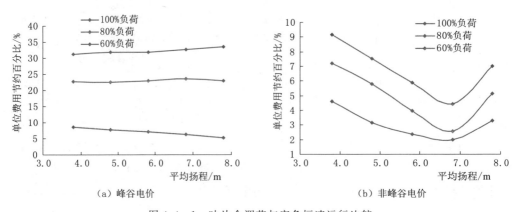

图 4.4-1 叶片全调节与定角恒速运行比较

表 4.4－1   **日均扬程 7.8m、日提水量 $2.95×10^6 m^3$ 的单机组优化运行结果**

时段	时均扬程 /m	叶片全调节运行					额定工况运行（0°）				费用差 /万元
		叶片角 /(°)	流量 /(m³/s)	水量 /万 m³	效率 /%	费用 /万元	流量 /(m³/s)	水量 /万 m³	效率 /%	费用 /万元	
Ⅰ	8.06	−4	28.1	20.23	73.8	0.62	33.0	23.75	76.1	0.71	0.09
Ⅱ	7.46	−4	29.9	21.53	76.2	0.60	35.3	25.44	78.4	0.69	0.09
Ⅲ	7.4	+2	38.0	27.36	79.0	0.44	35.5	25.60	78.5	0.41	−0.03
Ⅳ	7.82	+2	36.7	52.85	77.8	0.42	34.0	48.91	77.4	0.40	−0.02
Ⅴ	8.13	+2	35.6	51.26	78.0	0.43	32.7	47.08	75.7	0.40	−0.03
Ⅵ	7.5	−4	29.7	21.38	76.1	0.60	35.2	25.33	78.4	0.69	0.09
Ⅶ	7.36	−4	30.2	21.74	76.6	0.59	35.7	25.70	78.6	0.68	0.09
Ⅷ	7.69	+2	37.1	40.07	79.0	0.66	34.5	37.23	77.9	0.62	−0.04
Ⅸ	8.09	+2	35.8	38.66	78.2	0.68	32.9	35.49	75.9	0.64	−0.04
小计	—			295.09	—	5.03		294.53	—	5.24	0.21

表 4.4－2   **各日均扬程水量、费用表**

日均 扬程/m	水量/万 m³			费用/万元			单位提水费用/(元/万 m³)		
	设计叶片 安放角	叶片 全调节		设计叶片 安放角	叶片 全调节	节约 百分比/%	设计叶片 安放角	叶片 全调节	节约 百分比/%
4.8	357.10	357.41		4.38	4.11	6.20	0.0123	0.0115	6.25
5.8	336.30	336.13		4.56	4.40	3.40	0.0136	0.0131	3.46
6.8	320.04	320.36		4.93	4.76	3.45	0.0154	0.0149	3.55
7.8	294.53	295.09		5.24	5.03	4.05	0.0178	0.017	4.45
8.3	276.30	276.60		5.46	5.19	5.14	0.0198	0.0188	5.05
平均		—				4.45		—	4.55

4.5   单机组变频变速优化运行方法研究

单机组变频变速日优化运行，指在运行过程中，水泵叶片安放角保持不变（$\theta=0°$），各阶段根据运行工况通过变频装置调节泵机组转速，使泵机组能耗最低的优化运行方式。

4.5.1   单机组变频变速优化运行模型

在式（4－1）～式（4－3）模型中，设计叶片安放角（θ_i）为 0°，保持不变，则模型转化为决策变量为机组转速（n_i）的一维动态规划模型。

目标函数：

$$f = \min \sum_{i=1}^{SN} s_i = \min \sum_{i=1}^{SN} \frac{\rho g Q_i(n_i) H_i}{\eta_{z,i}(n_i) \eta_{mot} \eta_{int} \eta_f} \Delta T_i P_i \qquad (4-11)$$

总水量约束：

$$\sum_{i=1}^{SN} Q_i(n_i) \Delta T_i \geqslant W_e \qquad (4-12)$$

功率约束：

$$N_i(n_i) \leqslant N_0 \qquad (4-13)$$

式中：η_f 为变频效率，大功率高压变频装置的变频效率（η_f）在 96％ 左右；其余变量含义按式（4-1）～式（4-3）变量含义类推。

4.5.2　单机组变频变速优化运行模型求解方法

上述模型为一维动态规划模型，阶段变量为 $i(i = 1, 2, \cdots, SN)$；决策变量为机组转速（n_i），由式（4-12）可知不同阶段的提水量即为状态变量 λ。参照 4.4.1 节，可得对应状态转移方程与递推方程。

在整个计算过程中，将电动机效率和变频器效率分别按 94％ 和 96％ 常数考虑。

4.5.3　单机组变频变速优化运行结果

不同日均扬程，不同提水负荷，实行峰谷与非峰谷电价时，单机组变频变速优化运行与定角恒速运行结果如图 4.5-1 所示。可以得到：

（1）不管是否实行峰谷电价，满负荷工作时，变频变速优化运行带来的效益不足以抵消变频装置的耗损。

（2）南水北调东线工程有洪泽湖、骆马湖等调节水库，江都四站具备不同负荷工作条件。实行峰谷电价时，当江都四站 80％、60％ 负荷工作时，不同日均扬程变频变速运行与定角恒速运行相比，单位提水费用平均节省 14.01％ 和 26.69％，且日运行提水量越小，效益越显著；非峰谷电价时，部分负荷工作，当泵站机组低负荷、低扬程运行时，变频变速效益才能得以充分发挥。

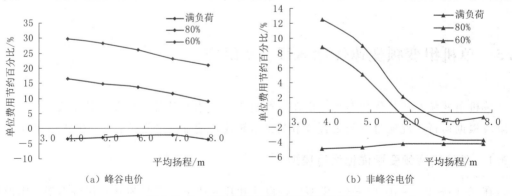

图 4.5-1　变频变速与定角恒速运行比较

日均扬程 7.8m、4.8m，80%负荷工作时，变速优化运行过程如图 4.5-2 所示，可见变速运行时，停机的均在高电价时段；开机时高电价对应于降速、低电价升速运行。

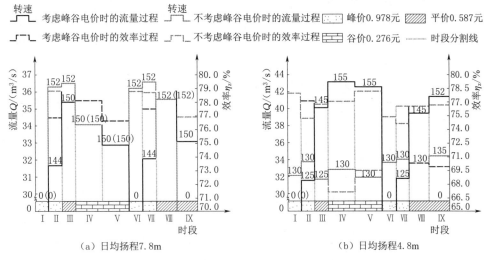

图 4.5-2　80%负荷工作时的变速优化运行过程

4.6　单机组叶片全调节与变频变速组合优化运行方法研究

4.6.1　单机组叶片全调节与变频变速组合优化运行方法

单机组日组合优化运行，指在运行过程中，各阶段根据运行工况调节泵机组转速与水泵叶片安放角，使泵机组能耗最低的优化运行方式。即式（4-1）～式（4-3）模型中，各时段的叶片安放角（θ_i）与机组转速（n_i）均为决策变量。可采用动态规划逐次逼近法或试验选优方法求解。

动态规划逐次逼近法具体步骤为：①首先假设各阶段单机组叶片角 θ_i^0 已知，采用常规动态规划方法求解，确定在此状况下的各阶段机组转速 n_i^0 和最小费用 f^0；②固定上述求得的各阶段机组转速 n_i^0，重复应用动态规划方法，确定优化变量 θ_i^1，确定最小费用 f^1；③再以求得的机组叶片角 θ_i^1 为条件，推求各阶段机组转速 n_i^1 和最小费用 f^2；④如此循环往复，直至求得的最小费用相对变化幅度小于确定的精度，即可认为达到优化效果，以此决定各阶段最优叶片角～转速组合与日最小运行费用。

采用各阶段叶片安放角正交试验选优、水泵转速动态规划优化的试验选优方法。具体方法步骤为：以阶段变量 i 为试验因素，各阶段对应满足功率要求的叶片安放角离散值 θ_i 为试验水平；选择构造正交表，确定各阶段试验组合；对选定的各阶段的叶片安放角组合，代入式（4-1）～式（4-3），即可采用一维动态规划模型，求解获得对应目标值（该叶片安放角组合下的日运行最小耗电费用）；采用正交分析，确定各阶段理论最优叶片安放角组合；将该最优叶片安放角组合代回式（4-1）～式（4-3），采用一维动态规划模型，获各阶段最优机组转速与日最小运行费用。

4.6.2　单机组叶片全调节与变频变速组合优化运行模型求解步骤

（1）试验因素、试验水平与正交表选择。

1）试验因素。以时段为试验因素，考虑峰谷电价和大型泵站不宜频繁开停机等要求，将 1d 划分为 9 个时段，各时段时间长度、峰谷电价与江都四站日均扬程 6.8m 时的时均扬程，见表 4.6-1。

表 4.6-1　　　　　各时段峰谷电价与日均扬程 6.8m 时的各时段平均扬程

试验因素（时段），时长	电价/ [元/(kW·h)]	时均扬程 /m	试验因素（时段），时长	电价/ [元/(kW·h)]	时均扬程 /m
Ⅰ（17：00—19：00），2h	0.978	7.06	Ⅵ（07：00—09：00），2h	0.978	6.50
Ⅱ（19：00—21：00），2h	0.978	6.46	Ⅶ（09：00—11：00），2h	0.978	6.36
Ⅲ（21：00—23：00），2h	0.587	6.40	Ⅷ（11：00—14：00），3h	0.587	6.69
Ⅳ（23：00—03：00），4h	0.276	6.82	Ⅸ（14：00—17：00），3h	0.587	7.09
Ⅴ（03：00—07：00），4h	0.276	7.13			

未实行峰谷电价情况下，为便于分析，采用对应加权平均值 0.614 元/(kW·h)。

2）试验水平。试验水平可以选叶片安放角或机组转速，经比较，为试验选优方便，采用叶片安放角度作为试验水平。

各时段的试验水平（叶片安放角）离散值，应满足对应扬程时的功率要求。如日均扬程 6.8m 时，各时段叶片安放角的离散范围可为 [−4°，+4°]；同时，考虑选择构造正交表方便，各因素可在其对应范围内离散 8 个试验水平。

3）正交表选择。9 因素、8 水平，全部组合为 $8^9 \approx 1.34 \times 10^8$ 个，将全部组合代入动态规划优化模型求解，显然工作量太大，为此，采用部分试验选优方法，构造 $L_{64}(8^9)$ 型正交表，按正交表选择的 64 个试验水平组合方案，即可获得对应全部组合的理论最优叶片安放角。如日均扬程 6.8m、80% 负荷时构造 64 个试验组合见表 4.6-2。

表 4.6-2　　　扬程 6.8m，80% 负荷时 L_{64}（8^9）正交表的叶片安放角试验组合

试验方案	各时段叶片安放角（试验水平）									目标值 /(元/万 m³)
	Ⅰ	Ⅱ	Ⅲ	Ⅳ	Ⅴ	Ⅵ	Ⅶ	Ⅷ	Ⅸ	
1	+4	+4	+4	+4	+4	+4	+4	+4	+4	119.29
2	+4	+3	+3	+3	+3	+3	+3	+3	+3	124.45
3	+4	+2	+2	+2	+2	+2	+2	+2	+2	127.62
4	+4	+1	+1	+1	+1	+1	+1	+1	+1	125.94
5	+4	0	0	0	0	0	0	0	0	136.09
6	+4	−1	−1	−1	−1	−1	−1	−1	−1	136.13
7	+4	−2	−2	−2	−2	−2	−2	−2	−2	135.00
8	+4	−4	−4	−4	−4	−4	−4	−4	−4	145.08
⋮										
64	−4	−4	+4	+3	−2	−4	+1	+2	−1	131.48

（2）单机组变速运行优化动态规划方法求解。按照表 4.6-2 中各时段的叶片安放角，模型式（4-1）～式（4-3）就转变成为单机组变频变速运行优化一维动态规划模型。由此，将表 4.6-2 正交表选择的 64 个组合方案，依次代入该优化模型，可获对应目标值——最小单位提水耗电费用（元/万 m³），见表 4.6-2 最右列。

（3）正交分析确定理论最优方案。通过正交分析，可获得全部组合（1.34×10^8）的叶片安放角理论最优解（时段 1～9，依次为：停机、停机、+4°、+4°、+4°、停机、+4°、+4°、+4°）。将此叶片安放角理论最优解，代入模型式（4-1）～式（4-3），获机组各时段转速最优值（时段 1～9，依次为：0r/min、0r/min、140r/min、150r/min、150r/min、0r/min、135r/min、140r/min、148r/min），此时，最优目标值为 119.29 元/万 m³。

同样，采用动态规划逐次逼近法，对该双决策变量的单机组日组合优化运行进行计算复核。

4.6.3　单机组叶片全调节与变频变速组合优化运行结果

不同日均扬程（7.8m、6.8m、5.8m、4.8m 和 3.8m），不同负荷（100%、80%、60%）工作，峰谷与非峰谷电价时，组合优化运行分别与叶片调节优化运行、定角恒速运行相比的提水能耗费用变化情况如图 4.6-1、图 4.6-2 所示。80% 负荷工作、日均扬程 6.8m 时的组合优化运行过程如图 4.6-3 所示。可获得如下结论：

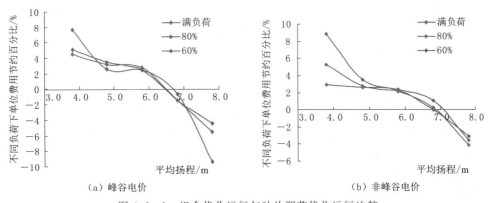

图 4.6-1　组合优化运行与叶片调节优化运行比较

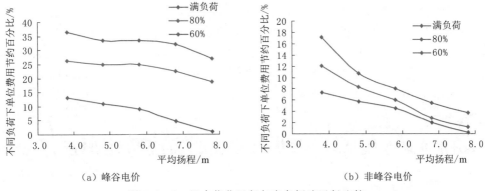

图 4.6-2　组合优化运行与定角恒速运行比较

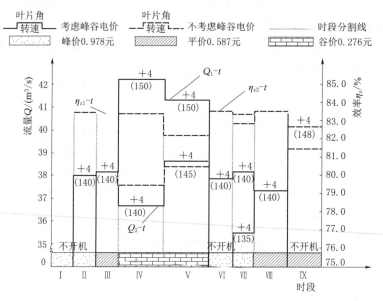

图 4.6 - 3　80%负荷工作、日均扬程 6.8m 时的组合优化运行过程

（1）江都四站受长江潮汐影响，扬程变幅较大，年内日均扬程变幅范围为 3.8～7.8m，日潮差变幅 1.2m 左右。在此扬程变幅范围内，考虑峰谷电价、不同负荷工作时，组合优化运行与额定运行相比，停机均在高电价时段；开机时基本上是高电价对应于降速、低电价对应于升速。100%、80%、60%负荷工作时，不同扬程组合优化运行与叶片全调节运行相比，单位提水费用平均节省 1.03%、0.71% 和 0.54%；不同扬程组合优化运行与额定运行相比，单位提水费用平均节省 7.82%、23.51% 和 32.66%。不考虑峰谷电价、不同负荷工作时，组合优化运行与额定运行相比，停机均在高扬程时段；开机时基本上是高扬程对应于降速、低扬程对应于升速。100%、80%、60%负荷工作时，不同扬程组合优化运行与叶片调节运行相比，单位提水费用平均节省 0.96%、1.26% 和 2.48%；不同扬程组合优化运行与额定运行相比，单位提水费用平均节省 4.00%、6.09% 和 9.06%。

（2）不同负荷工作时，不管是否实行峰谷电价，组合优化运行与叶片调节优化运行相比，单位提水费用仅节省 0.54%～2.48%；且在高扬程段（日均扬程大于 6.8m），变频带来的效益均不能补偿变频器的损耗。若江都四站改造要增加变频变速调节功能，每台同步电机配套的交-交高压变频装置需投资 200 万～250 万元，再考虑到变频装置的使用寿命，可以得到以下结论：从能耗节省角度而言，在现状价格情况下，江都四站改造可不安装变频设备，无需采用叶片全调节与变频变速组合优化运行方式。

4.7　南水北调东线泵站变频优化运行模式的适应性研究

在南水北调东线工程中，全调节叶片泵得到广泛应用，如第 3 章所述，叶片安放角的改变可以在较宽的范围内适应扬程和流量的变化，且能保持高效率；随着变频设备的推广应用，大型泵站（群）的变频变速优化运行已引起关注。目前，在南水北调东线工程中已有4座泵站采用变频调节，但是变频调节的优化运行方式及其优缺点在理论上的系统研究仍相对滞后。而且，由于水厂供配水泵站变频运行的显著经济效益，给南水北调工程大型泵站变频运行决策带来一定的干扰。现以南水北调东线工程源头泵站江都四站为例，开展单机组叶片全调节、机组变频变速优化运行研究，首次分别从系统优化运行与泵站装置性能的角度，对泵站变频运行效果、机理、工程应用适应性等进行了阐述，对大型泵站变频优化运行节能效果进行了深入对比分析，可为南水北调东线大型泵站的建设、更新改造、优化运行，提供理论依据。

4.7.1　叶片全调节与变频变速优化运行比较研究

为比较泵站叶片全调节与变频变速优化运行的效益，以江都四站为例，进行单机组日优化运行分析。

（1）叶片全调节优化运行与定角恒速运行比较结果。不同日均扬程（7.8m、6.8m、5.8m、4.8m和3.8m），不同提水负荷（100%、80%、60%），峰谷电价时，单机组叶片调节优化与定角恒速运行相比，分别平均节省单位运行能耗费用6.90%、22.95%、32.25%；非峰谷电价时，分别为3.08%、4.91%、6.79%，结果详见图4.4-1。由图可知，不同日均扬程情况下，不管是否实行峰谷电价，叶片调节优化运行与定角恒速运行比较效益明显，且日提水负荷越小，效益越显著。

（2）变频变速优化运行与定角恒速运行比较结果。不同日均扬程，不同提水负荷，实行峰谷与非峰谷电价时，变频变速优化运行与定角恒速运行结果见图4.5-1。由图可知，不管是否实行峰谷电价，满负荷工作时，变频变速优化运行带来的效益不足于抵消变频装置的耗损。

南水北调东线工程有洪泽湖、骆马湖等调节水库，具备不同负荷工作条件。实行峰谷电价时，当江都四站80%、60%负荷工作时，不同日均扬程变频变速运行与定角恒速运行相比，单位提水费用平均节省13.14%和25.73%，且日运行提水量越小，效益越显著；非峰谷电价、部分负荷工作时，当泵站机组低负荷、低扬程运行时，变频变速效益才能得以充分发挥。

（3）叶片全调节与变频变速优化运行比较结果。由叶片全调节、变频变速优化运行与定角恒速运行的成果（如图4.4-1、图4.5-1所示），以变频调节为基准，叶片全调节与之比较，可得叶片全调节与变频变速优化运行的比较成果（如图4.7-1所示）。可见：在南水北调源头泵站扬程变幅范围内，不管是否实行峰谷电价，满负荷工作时，叶片全调节优化运行比变频变速运行能耗费用更省，分别在其扬程范围内平均节省9.48%、7.17%，如图4.7-1（a）所示。

非满负荷工作，实行峰谷、非峰谷电价时，峰谷电价、时均扬程分别是影响各时段开停机的主要因素。峰谷与非峰谷电价，80%负荷运行时，叶片全调节与变频变速优化运行相比，分别节约能耗费用为11.24%、3.46%；60%负荷时分别为8.83%、2.19%。仅在非满负荷工作、非峰谷电价、日均扬程低于5.0m时，变频变速优化运行优于叶片全调节

优化运行，80％、60％负荷工作时，分别平均节省能耗费用 0.6％、2.82％，如图 4.7－1
（b）所示。

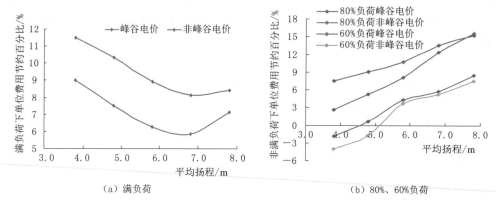

（a）满负荷　　　　　　　　　　　　　　　　（b）80％、60％负荷

图 4.7－1　叶片全调节与变频变速优化运行相比能耗节省

4.7.2　不同泵装置的变频运行原理与节能比较

以上单机组系统优化运行模型求解分析的叶片全调节、变频变速优化运行与定角恒速
运行的比较成果、叶片全调节与变频变速优化运行的比较成果（图 4.4－1、图 4.5－1、图
4.7－1），和已有调水泵站变频优化运行相关研究成果的结论并不相同；而水厂供配水泵
站变频运行具有显著经济效益，已是不争的事实。为此，从不同泵装置变频运行原理方面
进行探讨、分析。

（1）水厂管网供水泵的变频运行原理。管网供水泵的设计工况是以用水高峰时流量与
最不利点扬程为依据确定的，为适应生产工艺和生活需求或外部环境的变化，泵的工况点
随之变化，即进行泵运行调节，如图 4.7－2（a）所示。对于恒速（不变频调速）运行的
泵站，通过安装在泵出口管路上的阀门或闸门等节流部件，调节闸（阀）门的开启度来调
节流量，实质上是改变出口管路的水力损失从而改变管路特性改变泵的工况点，当流量从
Q_1 减小到 Q_2，维持压力不变，通过改变管路特性后泵的运行工况点从工况①→到工况③，
满足流量要求。水泵变频运行是通过安装变频器，调整水泵转速，使水泵根据供水流量，
从工况①→到工况②……，管路特性不变，但水泵运行工况随之调整，泵装置的功率也跟
着变小，与改变管路特性运行比较，即工况②与工况③比较，能耗明显减小，供水成本也
随之降低。因此，管网供水的泵装置变频变速运行具有显著的经济效益。

（2）低扬程调水泵装置的变频运行原理。上、下游均为自由水面的调水泵站根据设计
流量与设计扬程选择泵及装置，常常保证设计工况①在效率最高点（即最优工况点）运
行。一次调水期间，随着上、下游水位变化，扬程出现变幅，当从扬程①降低至扬程②
时，根据泵及装置的流量-扬程关系，机组转速恒定，泵装置会随着扬程降低，流量自动
增大，功率随之减少，此时，泵及装置的工况可能偏离高效区。

调水泵装置的变频运行目的在于：通过变频装置调整机组转速，使偏离高效区的工况
②，在保证扬程与工况②相同、流量满足要求的情况下，调整至高效区工况③运行。由图

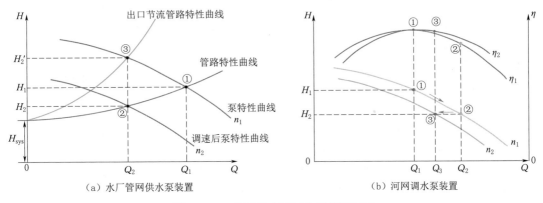

图 4.7-2　泵装置变频优化运行原理图

4.7-2（b）可知，当扬程变幅（$H_1 - H_2$）足够大，即工况②偏离高效区足够远，通过变频装置调整运行工况，从工况②调整至工况③后，在变频装置的使用寿命内，如果泵装置效率提高所产生的效益大于变频器的投入，此时，调水泵装置的变频运行才有意义。

很显然，节能与否是在考虑变频装置损耗的基础上与工况②相比较，而不是与工况①比较，这点与水厂管网供水泵变频运行有本质差别。

4.7.3　南水北调东线泵站变频优化运行模式的适应性研究结论

以南水北调东线工程源头泵站江都四站为例，通过单机组叶片全调节、单机组变频变速优化运行模型求解，首次分别从系统优化运行与泵站装置性能的角度，对泵站变频运行效果、机理、工程应用适应性进行了论证、分析，获得以下结论：

（1）在南水北调东线源头泵站扬程变幅（日均扬程 7.8～3.8m，潮差 1.2m）范围内，不管是否实行峰谷电价，泵站叶片全调节优化运行是较为合适的运行模式。而变频变速运行仅在扬程低于 5.0m、非满负荷、非峰谷电价运行时优于叶片全调节；在满负荷工作时，泵站变频变速与定角恒速运行相比，变频变速优化运行带来的效益不足以抵消变频装置的耗损。

（2）管网供水泵站，较之于改变管路特性，变频变速优化运行具有显著经济效益；而南水北调泵站，由于河网供水上下游均为自由水面的泵装置性能特性，变频变速运行不一定产生经济效益。

（3）根据优化分析，南水北调泵站工程只有在一次调水过程中的扬程变幅足够大时，变频优化运行才能产生效益，但随着扬程降低、转速减小，导致流量也会减小，调水量是否能够满足要求是必须慎重考虑的重要因素。

由于低扬程泵站优化运行，尤其是梯级泵站（群）的联合运行影响因素较多，比单机组优化运行复杂得多，因此上述结论是初步的。

4.8　小结

针对泵站单机组优化运行，考虑长江潮位、峰谷电价等影响因素，以江都四站为例，分别对单机组叶片全调节优化运行数学模型、单机组变频变速优化运行数学模型及单机组叶片全调节与变频变速组合优化运行数学模型进行优化求解计算。

（1）针对江都四站单机组优化运行数学模型，确定定角恒速运行及叶片全调节运行时泵站 24h 最优开机时刻，并做了月内最优开机时刻的规律性分析。

（2）采用动态规划法分别求解单机组叶片全调节、单机组变频变速优化运行模型，提出了一套不同日均扬程、不同提水负荷下单机组优化运行方案。

（3）采用大系统试验选优法求解单机组叶片全调节与变频变速组合优化运行模型，提出了一套不同日均扬程、不同提水负荷下单机组优化运行方案。

（4）对单机组叶片全调节优化运行模型、单机组变频变速优化运行模型及单机组叶片全调节与变频变速组合优化运行模型的求解与分析，开展了泵站变频优化运行模式的适应性研究，对河网供水泵装置与水厂调水泵装置的变速运行原理进行比较分析。

第 **5** 章

▶ 泵站多机组优化运行方法研究

在单机组叶片全调节、变频变速、叶片全调节与变频变速组合优化运行研究基础上，以包含多台机组的单座泵站为研究对象，开展泵站多机组优化运行研究，为并联泵站群优化运行研究提供理论基础。

5.1 泵站多机组优化运行数学模型

以泵站日运行提水费用最小为目标函数，各机组各时段开机叶片角、转速为决策变量，上级部门下达的提水量及机组功率要求为约束条件，构造如下多机组优化运行数学模型。

目标函数：

$$F = \min \sum_{j=1}^{JZ} f_j = \min \sum_{j=1}^{JZ} \sum_{i=1}^{SN} \frac{\rho g Q_{i,j}(\theta_{i,j}, n_{i,j}) H_{i,j}}{\eta_{z,i,j}(\theta_{i,j}, n_{i,j}) \eta_{\mathrm{mot},j} \eta_{\mathrm{int},j} \eta_{f,j}} \Delta T_i P_i \qquad (5-1)$$

总水量约束：

$$\sum_{j=1}^{JZ} \sum_{i=1}^{SN} Q_{i,j}(\theta_{i,j}, n_{i,j}) \Delta T_i \geqslant W_e \qquad (5-2)$$

功率约束：

$$N_{i,j}(\theta_{i,j}, n_{i,j}) \leqslant N_{0,j} \qquad (5-3)$$

式中：F 为泵站日运行最小耗电费用，元；f_j 为第 j 台水泵机组日运行电费，元；JZ 为水泵机组台数，台；W_e 为泵站日目标提水总量，m^3；其余变量含义可按式（4-1）～式（4-3）各变量含义类推。

5.2 江都四站多机组（同型号）叶片全调节优化运行方法研究

根据江都四站单机组叶片全调节优化成果，对江都四站的 7 台同型号叶片全调节立式轴流泵进行叶片全调节优化运行分析。

5.2.1 泵站多机组（同型号）叶片全调节优化运行模型

江都四站站内多机组叶片全调节运行优化模型，可按式（5-1）～式（5-3）将各机

组转速 $n_{i,j}$ 固定，同时不考虑变频装置效率 $\eta_{f,j}$，继而转化以下公式。

目标函数：

$$F = \min \sum_{i=1}^{SN} NS_i \frac{\rho g Q_{i,j}(\theta_i) H_i}{\eta_{z,i}(\theta_i) \eta_{\text{mot}} \eta_{\text{int}}} \Delta T_i P_i \qquad (5-4)$$

总水量约束：

$$\sum_{i=1}^{SN} NS_i \cdot Q_i(\theta_i) \Delta T_i \geqslant W_e \qquad (5-5)$$

功率约束：

$$N_i(\theta_i) \leqslant N_0 \qquad (5-6)$$

式中：NS_i 为泵站第 i 时段的开机台数；其余变量含义按式（5-1）～式（5-3）变量含义类推。

5.2.2　模型求解方法——大系统试验选优方法

（1）叶片安放角试验选优与机组开机台数线性规划优化方法。

式（5-4）～式（5-6）为复杂非线性模型，若各阶段的叶片安放角已知，根据水泵装置性能曲线方程，确定其流量、效率，可求得各时段单泵运行费用 $f(i)$，上述叶片全调节优化模型就转换为以日运行耗电费用最小为目标函数，各时段机组的运行台数 NS_i 为决策变量的线性规划模型。

目标函数：

$$F = \min \sum_{i=1}^{SN} f_{d,i} = \min \sum_{i=1}^{SN} NS_i \cdot f(i) \qquad (5-7)$$

总水量约束：

$$\sum_{i=1}^{SN} NS_i Q_i(\theta_i) \Delta T_i \geqslant W_e \qquad (5-8)$$

功率约束：

$$N_i(\theta_i) \leqslant N_0 \qquad (5-9)$$

式中：$f_{d,i}$ 为泵站第 i 时段提水耗电费用，元；$f(i)$ 为单机组第 i 时段提水耗电费用，元；其余变量含义同前。

为此，提出了各阶段叶片安放角正交试验选优、水泵机组开机台数线性规划的试验选优方法。以阶段变量为试验因素，各阶段对应满足功率要求的叶片安放角离散值为试验水平；选择构造正交表，确定各阶段试验组合；对选定的各阶段的叶片安放角组合，代入式（5-4）～式（5-6），即可转换为一维线性规划模型式（5-7）～式（5-9），求解获得对应目标值（日运行耗电费用）；采用正交分析，确定各阶段理论最优叶片安放角；将该最优叶片安放角代回式（5-4）～式（5-6），获各阶段最优机组开机台数与日最小运行费用。该试验选优方法的最优性讨论，详见课题组相关论文文献 [23]。

（2）站内多机组叶片全调节运行优化模型求解步骤。

1）试验因素、试验水平与正交表选择。

a. 试验因素。以时段为试验因素，考虑峰谷电价、潮汐过程及大型泵站不宜频繁开停机等要求，将 1d 划分为 9 个时段，各时段时间长度、峰谷电价见表 4.1-1。

b. 试验水平。各时段的试验水平（叶片安放角）离散值，应满足功率要求。根据水泵叶片调节范围，当日均扬程 7.80m 时，各时段叶片安放角的离散范围设定为 [−4°，+4°]；同时，考虑选择构造正交表方便，各因素可在其对应范围内离散 8 个试验水平。

c. 正交表选择。9 因素，8 水平，全部组合为 $8^9 \approx 1.34 \times 10^8$ 个，将全部组合代入动态规划优化模型求解，显然工作量太大，为此，采用部分试验选优方法，构造 $L_{64}(8^9)$ 型正交表，按正交表选择的 64 个试验水平组合方案，即可获得对应全部组合的理论最优叶片安放角。如日均扬程 7.80m、60% 负荷时构造 64 个试验组合如表 5.2−1 所列。

2）站内多机组变台数优化运行整数规划方法求解。以日均扬程 7.80m、60% 负荷运行为例，按照表 5.2−1 中各时段的叶片安放角，模型式（5−4）～式（5−6）就转变成为站内机组变台数线性整数规划模型。由此，将表 5.2−1 正交表选择的 64 个组合方案，依次代入该优化模型，可获对应目标值——单位提水耗电费用（元/万 m³），见表 5.2−1 最右一列。

表 5.2−1　　　扬程 7.80m、60% 负荷时 $L_{64}(8^9)$ 正交表的叶片安放角试验组合

试验方案	各时段叶片安放角（试验水平）/(°)									目标值/(元/万 m³)
	Ⅰ	Ⅱ	Ⅲ	Ⅳ	Ⅴ	Ⅵ	Ⅶ	Ⅷ	Ⅸ	
1	+4	+4	+4	+4	+4	+4	+4	+4	+4	160.53
2	+4	+3	+3	+3	+3	+3	+3	+3	+3	149.93
3	+4	+2	+2	+2	+2	+2	+2	+2	+2	116.31
4	+4	+1	+1	+1	+1	+1	+1	+1	+1	118.47
5	+4	0	0	0	0	0	0	0	0	122.35
6	+4	−1	−1	−1	−1	−1	−1	−1	−1	125.20
7	+4	−2	−2	−2	−2	−2	−2	−2	−2	127.79
8	+4	−4	−4	−4	−4	−4	−4	−4	−4	141.20
⋮										
64	−4	−4	+4	+3	−4	0	+1	+1	−4	119.59

3）正交分析确定理论最优方案。通过正交分析，可获得全部组合（1.34×10^8）的叶片安放角理论最优解（时段 1～9，依次为：+3°、+3°、+3°、+4°、+2°、−2°、+3°、+4°、+3°）。将此叶片安放角理论最优解，代入式（5−4）～式（5−6），获机组各时段最优开机台数为（时段 1～9，依次为：0、0、7、7、7、0、0、7、0），此时，最优目标值为 111.92 元/万 m³。

上述模型求解方法的图解步骤如图 5.2−1 所示。

5.2.3　泵站多机组叶片全调节优化运行结果

在不同日均扬程（7.8m、6.8m、5.8m、4.8m 和 3.8m）和不同负荷（100%、80%、60%）工作的工况下，实行峰谷与非峰谷电价的站内多机组叶片调节优化运行提水能耗费用与定角恒速相比变化情况如图 5.2−2 所示。通过分析计算，可以获得以下结果：

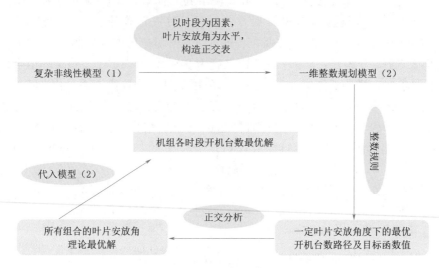

图 5.2-1 试验选优法求解概化图

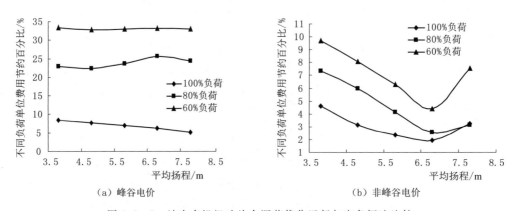

（a）峰谷电价 （b）非峰谷电价

图 5.2-2 站内多机组叶片全调节优化运行与定角恒速比较

（1）在江都四站扬程变幅范围内，实行峰谷电价、不同负荷工作时，叶片全调节优化运行与定角恒速运行相比，停机均在高电价时段；开机时基本上是高电价对应于叶片安放角小、开机台数少，低电价对应于叶片安放角大、开机台数多；此时影响优化运行的最主要因素是各时段的电价，而不是时均扬程。100%、80%、60%负荷工作时，不同日均扬程叶片调节优化运行与定角恒速运行相比，单位提水费用平均节省 6.93%、23.79% 和 33.07%。

（2）非峰谷电价、不同负荷工作时，叶片全调节优化运行与定角恒速运行相比，停机均在高扬程时段；开机时基本上是高扬程对应于叶片安放角小、开机台数少，低扬程对应于叶片安放角大、开机台数多。100%、80%、60%负荷工作时，不同日均扬程叶片调节优化运行与定角恒速运行相比，单位提水费用平均节省 3.07%、4.64% 和 7.19%。

同样，采用动态规划逐次渐进法，对于江都三站站内优化方法进行了研究，所得结论一致，取得了良好的效益。详见课题组相关论文文献 [33]。

5.3 淮安四站多机组叶片全调节优化运行方法研究

淮安四站安装叶轮直径为 2900mm，额定转速 $n=150r/min$ 的立式轴流泵 4 台（其中 1 台备机）。单机流量 33.4m³/s，配套电机功率 $N_0=2240kW$。水泵叶片为液压全调节，额定叶片安放角 $\theta=0°$，其调节范围为 $[-4°,+4°]$。

淮安四站水泵装置性能曲线拟合方程见表 3.3-8。

5.3.1 适用于机组同型号的多机组叶片全调节优化运行模型求解方法

（1）优化运行模型。适用于机组同型号的多机组叶片全调节优化运行数学模型见式（5-4）～式（5-6）。

（2）模型求解方法——大系统试验选优法。同样采用机组叶片安放角试验选优，开机台数线性规划方法（该方法求解步骤参见 5.2.2 节）求解该模型。以日均扬程 4.13m、80％负荷运行为例，按照表 5.3-1 中各时段的叶片安放角，式（5-4）～式（5-6）就转变成为站内机组变台数线性整数规划模型。由此，将表 5.3-1 正交表选择的 64 个组合方案，依次代入该优化模型，可获对应目标值——单位提水能耗（元/万 m³），见表 5.3-1 最右一列。

表 5.3-1　扬程 4.13m、80％负荷时 $L_{64}(8^9)$ 正交表的叶片安放角试验组合

试验方案	各时段叶片安放角（试验水平）/(°)									目标值 /(元/万 m³)
	I	II	III	IV	V	VI	VII	VIII	IX	
1	+4	+4	+4	+4	+4	+4	+4	+4	+4	74.16
2	+4	+3	+3	+3	+3	+3	+3	+3	+3	72.63
3	+4	+2	+2	+2	+2	+2	+2	+2	+2	73.27
4	+4	+1	+1	+1	+1	+1	+1	+1	+1	74.19
5	+4	0	0	0	0	0	0	0	0	79.12
6	+4	−1	−1	−1	−1	−1	−1	−1	−1	82.14
7	+4	−2	−2	−2	−2	−2	−2	−2	−2	84.12
8	+4	−4	−4	−4	−4	−4	−4	−4	−4	90.33
⋮										
64	−4	−4	+4	+3	−2	0	+1	+2	−1	76.72

通过正交分析，可获得全部组合（$1.34×10^8$）的叶片安放角理论最优解（时段 1～9，依次为：$+3°$、$-4°$、$+2°$、$+4°$、$+4°$、$-4°$、$-4°$、$+2°$、$+3°$）。将此叶片安放角理论最优解，代入模型式（5-4）～式（5-6），获机组各时段最优开机台数为（时段 1～9，依次为：1、1、3、3、3、0、0、3、3），此时，最优目标值为 71.00 元/万 m³。

淮安四站上、下游均为容积足够大输水河道，在一定时段内水位变幅较小，因此考虑

日均扬程不变。而泵站年内日均扬程变幅范围为3.13～5.33m，泵站设计净扬程4.18m，根据泵站设计最大净扬程5.33m，最小净扬程3.13m，以0.2m步长离散12个日均扬程。在各日均扬程下，分别考虑100％、80％、60％三种负荷，采用上述方法，分别计算各扬程下不同水量约束下的泵站最小费用对应的单位提水费用。

（3）淮安四站多机组叶片全调节试验选优优化结果及讨论。

1）优化结果。不同日均扬程（3.13～5.33m），60％负荷运行，考虑峰谷电价时，淮安四站多机组组合优化运行方案如表5.3-2所列；不同负荷下优化运行的单位提水费用如图5.3-1所示，较定角恒速运行单位费用的节约百分比如图5.3-2所示；淮安四站多机组叶片全调节优化运行叶片角种类数及机组累计节省开机时长见表5.3-3。

表5.3-2 考虑峰谷电价，60％负荷，各日均扬程下多机组叶片全调节优化运行方案

日均扬程/m	变量名称	时段过程									单位费用/(元/万 m³)
		Ⅰ	Ⅱ	Ⅲ	Ⅳ	Ⅴ	Ⅵ	Ⅶ	Ⅷ	Ⅸ	
3.13	叶片角度/(°)	+1	0	+1	+2	+2	−2	+3	+1	+1	48.76
	开机台数/台	0	0	1	3	3	0	0	3	2	
3.33	叶片角度/(°)	0	+4	+1	+2	+2	+4	+4	+1	+1	50.67
	开机台数/台	0	0	1	3	3	0	0	3	2	
3.53	叶片角度/(°)	+4	+1	+1	+1	+1	+1	+1	+1	+1	52.87
	开机台数/台	0	0	3	3	3	0	0	3	1	
3.73	叶片角度/(°)	0	+3	+1	+3	+4	−2	+4	+1	+1	54.84
	开机台数/台	0	0	2	3	3	0	0	3	1	
3.93	叶片角度/(°)	−4	+3	+1	+3	+4	+4	+4	+1	+1	56.86
	开机台数/台	0	0	2	3	3	0	0	3	1	
4.13	叶片角度/(°)	−1	+3	+1	+3	+4	+4	+4	+1	+1	58.98
	开机台数/台	0	0	2	3	3	0	0	3	1	
4.33	叶片角度/(°)	−4	+3	+1	+4	+4	−2	−1	+1	+1	60.65
	开机台数/台	0	0	3	3	3	0	0	3	0	
4.53	叶片角度/(°)	−2	−2	+1	+3	+3	+2	−2	+1	+1	63.64
	开机台数/台	0	0	2	3	3	0	0	3	1	
4.73	叶片角度/(°)	−2	−2	+1	+3	+3	−3	−2	+2	+1	66.49
	开机台数/台	0	0	2	3	3	0	0	1	3	
4.93	叶片角度/(°)	−2	−2	+1	+1.5	+2	−3	−1	+1	+1	69.88
	开机台数/台	0	0	1	3	3	0	0	3	2	
5.13	叶片角度/(°)	−1	−3	+1	+2	+2	−3	−3	+1.5	+1.5	73.27
	开机台数/台	0	0	1	3	3	0	0	3	2	
5.33	叶片角度/(°)	−1	+1.5	+1	+1.5	+1.5	−2	−1	+1.5	+1.5	77.07
	开机台数/台	0	0	1	3	3	0	0	3	2	

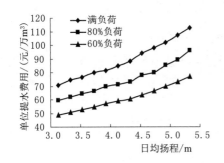

图 5.3-1 考虑峰谷电价站内多机组叶片
全调节优化运行单位费用

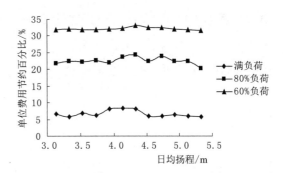

图 5.3-2 较定角恒速运行单位能耗节省

表 5.3-3 考虑峰谷电价多机组叶片全调节优化运行叶片角种类数与累计节省开机时长

日均扬程 /m	100%负荷		80%负荷		60%负荷	
	叶片角种类数 /种	机组累计节省 开机时长/h	叶片角种类数 /种	机组累计节省 开机时长/h	叶片角种类数 /种	机组累计节省 开机时长/h
3.13	2	4	4	4	5	7
3.33	3	4	4	9	4	7
3.53	3	6	5	9	2	6
3.73	3	4	5	9	5	8
3.93	3	6	5	9	4	8
4.13	3	6	4	11	4	8
4.33	4	6	5	11	6	9
4.53	4	4	1	11	4	8
4.73	3	4	3	11	5	8
4.93	2	4	3	9	6	7
5.13	2	4	4	9	4	7
5.33	1	4	5	7	4	7

2）结果讨论。由表 5.3-2 可知，泵站运行时停机均在高电价时段；开机时基本上是高电价对应于小叶片安放角、少开机台数，低电价对应于大叶片安放角、多开机台数。结合图 5.3-1、图 5.3-2 可知，100%、80%、60%负荷各日均扬程下淮安四站多机组叶片全调节优化运行平均单位提水费用分别为 89.27 元/万 m³、74.53 元/万 m³、61.17 元/万 m³，较定角恒速运行单位费用平均节省分别为 6.67%、22.54%、32.09%。由表 5.3-3 可知，100%、80%、60%负荷各日均扬程下淮安四站多机组叶片全调节优化运行较定角恒速运行机组可累计平均节省开机时长分别为 4.67h、9.50h 和 7.50h；且同一负荷下，在中间日均扬程段下的机组累计节省开机时长较高日均扬程和低日均扬程段下的节省时长多；同一日均扬程内，随着提水负荷降低，开机叶片角种类数总体增加。

5.3.2　适用于机组不同型号的多机组叶片全调节优化运行方法

（1）优化运行模型。考虑站内多机组不同型号叶片全调节优化运行，将机组转速 $n_{i,j}$ 固定，同时不考虑变频装置效率 $\eta_{f,j}$，则模型式（5-1）～式（5-3）转换为如下多机组叶片全调节优化运行数学模型。

目标函数：

$$F = \min \sum_{j=1}^{JZ} f_j = \min \sum_{j=1}^{JZ} \sum_{i=1}^{SN} \frac{\rho g Q_{i,j}(\theta_{i,j}) H_{i,j}}{\eta_{z,i,j}(\theta_{i,j}) \eta_{\mathrm{mot},j} \eta_{\mathrm{int},j}} \Delta T_i P_i \tag{5-10}$$

总水量约束：

$$\sum_{j=1}^{JZ} \sum_{i=1}^{SN} Q_{i,j}(\theta_{i,j}) \Delta T_i \geqslant W_e \tag{5-11}$$

功率约束：

$$N_{i,j}(\theta_{i,j}) \leqslant N_{0,j} \tag{5-12}$$

式中：f_j 为第 j 台水泵机组日提水耗电费用，元；其余变量含义按式（5-1）～式（5-3）变量含义类推。

（2）模型求解方法——大系统分解-动态规划聚合法。以泵站日提水耗电费用最小为目标，机组提水量为协调变量，将模型分解为若干个单机组叶片全调节日优化运行子模型。该子模型以机组叶片安放角为决策变量，机组提水量的离散值为状态变量，采用一维动态规划方法求解。构造的聚合模型以各机组日提水量为决策变量，泵站提水量的离散值为状态变量，同样采用一维动态规划方法求解。

1）大系统分解。将各水泵机组日抽水量 W_j 设为协调变量，则式（5-10）～式（5-12）分解为 JZ 个子系统，即单机组叶片全调节运行优化模型。该模型以单机组日开机运行总耗电费用最小为目标函数，各时段水泵开机的叶片安放角（为便于现场操作，取整数角度）为决策变量，规定时段内的抽水量 W_j 为约束条件。

目标函数：

$$f = \min \sum_{i=1}^{SN} s_i = \min \sum_{i=1}^{SN} \frac{\rho g Q_i(\theta_i) H_i}{\eta_{z,i}(\theta_i) \eta_{\mathrm{mot}} \eta_{\mathrm{int}}} \Delta T_i P_i \tag{5-13}$$

总水量约束：

$$\sum_{i=1}^{SN} Q_i(\theta_i) \Delta T_i \geqslant W_j \tag{5-14}$$

功率约束：

$$N_i(\theta_i) \leqslant N_0 \tag{5-15}$$

式中：f 为水泵单机组日提水最小耗电费用，元；W_j 为第 j 台水泵机组日目标提水总量，m^3，$j=1,2,\cdots,JZ$；其余变量含义同前。

2）子系统优化。针对特定的某台机组 j，式（5-13）～式（5-15）为典型的一维动态规划模型，阶段变量为 i（$i=1,2,\cdots,SN$）；决策变量为叶片安放角（$\theta_{i,j}$），由式（5-14）可知不同阶段的提水量即为状态变量（λ）。采用一维动态规划法求解该模型，获得对应于目标提水量 W_j 的 f_j 值。

对于 1 座安装 JZ 台不同型号水泵机组的泵站，或同一型号各机组性能存在差异，则每台水泵均有各自的性能曲线。在不同时段的时均扬程下水泵均有一满足功率要求的最大流量对应的叶片安放角度。以一定步长离散各时段最大叶片角度下运行时的提水总量 $W_{j,max}$，采用单机组叶片全调节日优化运行模型分别计算各水泵机组对应不同提水量要求（$W_{j,m}$）下的最小提水费用 $f_{j,m}$（$j=1，2，\cdots，JZ；m=1，2，\cdots，max$）。

3）大系统动态规划聚合。由上述各子系统获得一系列 $W_{j,m} \sim f_{j,m}(W_{j,m})$ 关系。则模型式（5-10）~式（5-12）可转化为如下聚合模型：

目标函数：

$$F = \min \sum_{j=1}^{JZ} f_i(W_j) \tag{5-16}$$

水量约束：

$$\sum_{j=1}^{JZ} W_j \geqslant W_e \tag{5-17}$$

聚合模型式（5-16）、式（5-17）同样为典型的一维动态规划模型，阶段变量为 j（$j=1，2，\cdots，JZ$）；决策变量为各机组日提水量 W_j，其离散范围即为单机组优化时的目标水量离散范围 $W_{j,m}(m=1,2,\cdots,max)$；由式（5-17）可知泵站各机组提水总量的离散值即为状态变量（λ）。采用一维动态规划法求解该聚合模型，获得满足泵站目标提水总量 W_e 的 F 值，以及对应于 F 的各机组最优提水量组合 W_j^*（$j=1,2,\cdots,JZ$）。

在获得各机组最优提水量组合 W_j^*（$j=1,2,\cdots,JZ$）后，回查单机组优化结果，可得到各水泵机组的最优开机方式，即各机组各时段最优叶片安放角度 $\theta_{i,j}^*$（$i=1,2,\cdots,SN；j=1,2,\cdots,JZ$）。

上述模型求解概化图如图 5.3-3 所示。

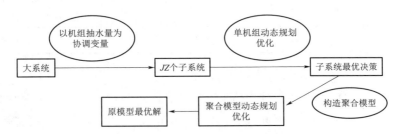

图 5.3-3 大系统分解-动态规划聚合求解概化图

（3）淮安四站求解结果及讨论。

1）求解结果。由上述模型可得不同日均扬程（3.13~5.33m）、不同负荷（100%、80%、60%）、不同峰谷电价时，淮安四站多机组叶片全调节优化运行方案（如日均扬程 3.13m、3.33m，80%负荷优化运行方案如表 5.3-4 所列）；不同负荷下优化运行的单位提水费用如图 5.3-4 所示，较定角恒速运行单位费用的节约百分比如图 5.3-5 所示；较定

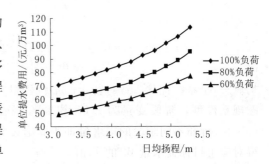

图 5.3-4 叶片全调节优化运行单位提水费用

角恒速运行机组累计节省开机时长如图 5.3 – 6 所示。

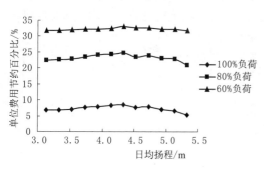

图 5.3 – 5　叶片全调节优化运行较定角恒速
运行节省能耗

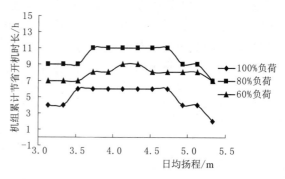

图 5.3 – 6　较定角恒速运行机组累计节省开机时长

表 5.3 – 4　　　考虑峰谷电价 80％负荷部分日均扬程下叶片全调节优化运行方案

日均扬程/m	机组编号	时 段 编 号								
		Ⅰ	Ⅱ	Ⅲ	Ⅳ	Ⅴ	Ⅵ	Ⅶ	Ⅷ	Ⅸ
3.13	机组 1	停机	+1°	+1°	+3°	+4°	+1°	+1°	+1°	+1°
	机组 2	停机	停机	+1°	+4°	+4°	停机	停机	+1°	+1°
	机组 3	停机	停机	+1°	+3°	+1°	停机	停机	+1°	+1°
3.33	机组 1	停机	停机	+1°	+4°	+4°	+1°	+1°	+1°	+1°
	机组 2	停机	停机	+1°	+3°	+3°	停机	停机	+1°	+1°
	机组 3	停机	停机	+1°	+2°	+2°	停机	停机	+1°	+1°

2）结果讨论。

a. 100％、80％、60％负荷各日均扬程下，淮安四站多机组叶片全调节优化运行平均单位提水费用分别为 88.67 元/万 m³、73.92 元/万 m³、61.05 元/万 m³，较定角恒速运行单位费用分别节省 7.29％、23.19％、32.21％；与采用试验选优法求得的同一时段内相同叶片角度下运行的优化结果相比，平均节省幅度分别提高 0.62％、0.65％、0.22％。考虑泵站全年抽水量约 18 亿 m³，节省效果显著。可见，采用该方法对多机组进行优化求解使得泵站运行更为经济。

b. 优化结果表明，泵站运行时停机均在高电价时段；开机时基本上是高电价对应于小叶片安放角、少开机台数，低电价对应于大叶片安放角、多开机台数；且开机运行时尽量避免在负叶片角度下运行，转而寻求满足水量要求下增加停机时段以节省电费，即优先考虑开机台数的变化，进而对叶片角度进行调整。

c. 100％、80％、60％负荷，各日均扬程下采用叶片全调节优化运行时机组累计平均节省开机时长分别为 5.00h、9.83h 和 7.83h；且同一负荷下，在低日均扬程段和高日均扬程段机组平均节省开机时长较中间日均扬程段小。

d. 由于大系统分解聚合法首先对单机组叶片全调节优化运行数学模型进行动态规划，再通过聚合模型进行各机组间的水量总体协调，可以获得同一时段内各机组在不同叶片安放角度下的最优运行方式。因此，该方法同样适用于安装不同型号水泵机组或同型号机组性能存在差异的泵站多机组叶片全调节优化运行问题。

5.4　淮阴三站多机组变频变速优化运行方法研究

本节考虑变频装置效率随机组转速变化情况下，将大系统分解-动态规划聚合方法引入到泵站多机组变频变速优化运行中。以江苏省淮阴三站为例，考虑同一时段内各水泵机组在不同转速下的优化运行，探求泵站多机组变频变速运行的优化效益。

5.4.1　泵站多机组变频变速运行优化模型

将式（5-1）～式（5-3）中机组叶片角 $\theta_{i,j}$ 固定，则模型转化为如下泵站多机组变频变速优化运行数学模型。

目标函数：

$$F = \min \sum_{j=1}^{JZ} f_j = \min \sum_{j=1}^{JZ} \sum_{i=1}^{SN} \frac{\rho g Q_{i,j}(n_{i,j}) H_{i,j}}{\eta_{z,i,j}(n_{i,j}) \eta_{\mathrm{mot},j} \eta_{\mathrm{int},j} \eta_{\mathrm{f},i,j}(n_{i,j})} \Delta T_i P_i \qquad (5-18)$$

总水量约束：

$$\sum_{j=1}^{JZ} \sum_{i=1}^{SN} Q_{i,j}(n_{i,j}) \Delta T_i \geqslant W_{\mathrm{e}} \qquad (5-19)$$

功率约束：

$$N_{i,j}(n_{i,j}) \leqslant N_{0,j} \qquad (5-20)$$

式中：变频装置的效率 $\eta_{\mathrm{f},i,j}(n_{i,j})$ 与频率（转速 $n_{i,j}$）的变化范围密切相关。对于 2200kW 高压多脉冲变频装置，变频装置效率随转速变化关系如图 5.4-1 所示，在额定频率（转速）以下，随着频率减小效率降低。

5.4.2　模型求解方法——大系统分解-动态规划聚合法

应用大系统分解-动态规划聚合法求解泵站多机组变频变速优化运行模型，具体求解步骤参见 5.3.2 节。区别在于子系统优化时的决策变量为机组转速 $n_{i,j}$，且还考虑了随机组转速变化而改变的变频装置的效率。

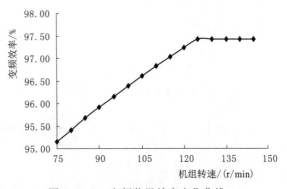

图 5.4-1　变频装置效率变化曲线

5.4.3　淮阴三站求解结果及讨论

（1）淮阴三站概况。淮阴三站属南水北调东线第三梯级泵站，安装灯泡贯流泵 4 台（其中 1 台备用），叶轮直径为 3140mm，单机流量 34m³/s，配套电机功率 $N_0 = 2200$kW。水泵与电机直接连接，额定频率时转速 125r/min，设计叶片安放角 $-0.5°$，变频装置频率变化范围 30～60Hz，对应的转速调节范围为 75～150r/min。根据变频装置的负载特性，在额定频率以下为恒转矩、额定频率以上为恒功率。

根据额定频率下的模型试验结果得到原型机组转速为 125r/min 时的性能，依照相似律可得到不同转速（75～150r/min）下的性能，并表示为式（3-15），即

$$\begin{cases} H(n) = -0.00727Q^2 + 0.0018228nQ + 0.000308n^2 \\ \eta(n) = -244531.25\left(\dfrac{Q}{n}\right)^3 + 15909.375\left(\dfrac{Q}{n}\right)^2 - 3238.675\left(\dfrac{Q}{n}\right) + 275.52701 \end{cases}$$

$$(5-21)$$

其余变量含义按式（5-1）～式（5-3）变量含义类推。

根据式（5-21）转速变化可以是连续性的，考虑到模型求解便利，按照离散转速来表示。

淮阴三站上、下游均为容积足够大的输水河道，日均扬程变幅很小，因此考虑日均扬程不变。泵站安装 4 台相同型号水泵机组（1 台备用），设计净扬程 4.18m。根据泵站设计最大净扬程 4.5m，最小净扬程 1.5m，以 0.3m 步长离散成 11 个日均扬程。各日均扬程下，考虑定角恒速运行时的 100%、80% 及 60% 负荷水量作为优化目标水量，采用大系统分解-动态规划聚合方法，分别计算各日均扬程不同水量约束下泵站最小提水费用对应的单位提水费用。

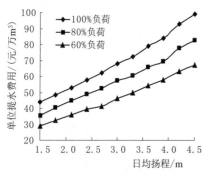

图 5.4-2　变频变速优化运行单位费用

（2）求解结果。由上述模型可得不同日均扬程（1.5～4.5m）、不同负荷（100%、80%、60%）、不同峰谷电价时淮阴三站多机组优化运行方案（如日均扬程 1.8m，100% 负荷；日均扬程 3.6m，80% 负荷；日均扬程 4.2m，60% 负荷优化运行方案如表 5.4-1 所列）；不同负荷下优化运行的单位提水费用如图 5.4-2 所示，较定角恒速运行单位费用的节约百分比如图 5.4-3 所示；叶片全调节优化运行较定角恒速运行机组累计节省开机时长如图 5.4-4 所示。

表 5.4-1　　　考虑峰谷电价典型负荷部分日均扬程下变频变速优化运行方案　　　单位：r/min

日均扬程 /m	负荷	机组编号	时段编号								
			Ⅰ	Ⅱ	Ⅲ	Ⅳ	Ⅴ	Ⅵ	Ⅶ	Ⅷ	Ⅸ
1.8	100%	1	95	95	130	145	145	95	95	140	140
		2	95	95	130	145	145	95	95	140	140
		3	95	95	125	145	145	95	100	140	135

日均扬程 /m	负荷	机组编号	时段编号								
			Ⅰ	Ⅱ	Ⅲ	Ⅳ	Ⅴ	Ⅵ	Ⅶ	Ⅷ	Ⅸ
3.6	80%	1	停机	停机	135	135	135	停机	130	135	130
		2	停机	125	130	135	135	停机	停机	135	130
		3	停机	停机	130	135	135	停机	停机	135	130
4.2	60%	1	停机	停机	120	130	130	停机	停机	125	125
		2	停机	停机	125	130	130	停机	停机	停机	120
		3	停机	停机	125	130	130	停机	停机	停机	120

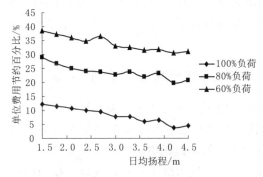

图 5.4-3 变频变速优化运行较定角恒速
运行节省能耗

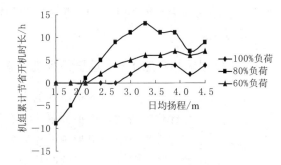

图 5.4-4 较定角恒速运行机组累计
节省开机时长

（3）结果讨论。应用大系统分解-动态规划聚合法对各日均扬程不同提水负荷要求进行站内多机组变频变速优化计算，可以获得以下结论：

1）100%、80%、60%负荷各日均扬程下，淮阴三站机组变频变速优化运行平均单位提水费用分别为 69.12 元/万 m³、57.79 元/万 m³、46.94 元/万 m³，较定角恒速运行单位费用分别节省 8.18%、23.72%、33.94%。

2）淮阴三站机组转速处于 125r/min 以下时，变频装置效率随转速减少而降低，高于 125r/min 时，变频装置效率按 125r/min 时的效率考虑。以此计算分析可知，在淮阴三站工作扬程（1.5～4.5m）范围内，变频变速优化运行优化效益显著。在日均扬程 4.2m，100%负荷运行时，优化效益最小（3.63%）；在日均扬程 1.5m，60%负荷运行时，优化效益最大（38.59%）。

3）优化结果表明，泵站运行时停机均在高电价时段；开机时基本上是高电价对应于小转速、少开机台数，反之亦然。

4）100%、80%、60%负荷各日均扬程下，采用变频变速优化运行时机组较定角恒速运行平均节省开机时长分别为 0.61h、1.91h、1.30h；每种负荷下机组累计节省开机时长随日均扬程的增加呈先增后减再增的"N"形趋势，且二次增长均出现在日均扬程 4.2m工况。个别日均扬程如 1.5m、1.8m，80%负荷变频变速优化运行时，尽管开机时长较定角恒速运行有所增加，但节省费用仍明显。

5）由于大系统分解聚合法首先对单机组变频变速日优化运行数学模型进行动态规划，

再通过聚合模型进行各机组间的水量总体协调，可以获得同一时段内各机组在不同转速下的最优运行方式，因此，该方法同样适用于安装不同型号水泵机组或机组性能存在差异的泵站多机组变频变速日优化运行问题。

5.5　泵站多机组叶片全调节与变频变速组合优化运行方法研究

5.5.1　数学模型构建

以泵站多机组日开机运行总耗电费用最少为目标函数，全天 24h 划分的若干时段为阶段变量，各机组各时段叶片安放角及机组转速为决策变量，规定时段内的泵站提水量及各机组电机轴功率为约束条件，构建泵站多机组叶片全调节与变频变速组合运行优化数学模型，即模型式（5-1）～式（5-3）。

5.5.2　模型求解方法 1——基于子系统试验选优的大系统分解-动态规划聚合法

（1）大系统分解。以泵站各机组间的水量分配为协调变量，将泵站多机组叶片全调节与变频变速组合优化运行数学模型分解为 JZ 个独立的单机组叶片全调节与变频变速组合日优化运行子模型，每一个子模型 $j(j=1,2,\cdots,JZ)$ 均以单机组日开机运行总耗电费用最少为目标函数，各时段水泵开机的叶片安放角及机组转速为决策变量，规定时段内的抽水量 W_j 及机组电机配套功率 $N_{0,j}$ 为约束条件。

目标函数：

$$f = \min\sum_{i=1}^{SN} s_i = \min\sum_{i=1}^{SN} \frac{\rho g Q_i(\theta_i,n_i)H_i}{\eta_{z,i}(\theta_i,n_i)\eta_{\mathrm{mot}}\eta_{\mathrm{int}}\eta_{\mathrm{f}}}\Delta T_i P_i \tag{5-22}$$

总水量约束：

$$\sum_{i=1}^{SN} Q_i(\theta_i,n_i)\Delta T_i \geqslant W_j \tag{5-23}$$

功率约束：

$$N_i(\theta_i,n_i) \leqslant N_0 \tag{5-24}$$

式中：f 为水泵单机组日提水最小耗电费用，元；其余变量含义按式（5-1）～式（5-3）变量含义类推。

（2）子系统试验选优优化。上述子系统式（5-22）～式（5-24）为复杂非线性模型，针对特定的机组 j，若各时段的叶片安放角或机组转速已知，则上述组合优化运行模型就转换为一维动态规划模型，为此，采用各时段叶片安放角 $\theta_{i,j}$ 正交试验选优、水泵转速 $n_{i,j}$ 一维动态规划模型优化的试验选优方法。以时段 i 为试验因素，各时段对应满足功率要求的叶片安放角离散值 $\theta_{i,j}$ 为试验水平；选择构造正交表，确定各时段试验组合；对选定的各时段的叶片安放角组合 $\theta_{i,j}(i=1,2,\cdots,SN)$，代入式（5-22）～式（5-24）子系统模型，即可采用一维动态规划方法，求解获得对应目标值（该叶片安放角组合下的日运行最小耗电费用）；采用正交分析，确定各时段理论最优叶片安放角；将该最优叶片安放角代回子系统模型，获各时段最优机组转速与日最小运行费用。

以上为给定单机组 1 个目标提水量下的叶片全调节与变频变速组合优化计算。以一定步长离散单机组 1d 最大提水能力（即各时段满足功率要求的最大叶片角度及最大机组转速下运行时的提水总量）$W_{j,\max}$，采用单机组组合日优化运行模型分别计算各水泵单机组对应不同提水量 $W_{j,m}(m = 1,2,\cdots,\max)$ 要求下的最少提水费用 $f_{j,m}$。

考虑同一泵站内机组型号不同或机组性能存在差异，故对每一个子系统，均需进行 m 次不同目标提水量 $W_{j,m}$ 离散下的优化运行计算。由此获得一系列 $W_{j,m}$-$f_{j,m}(W_{j,m})$（$m = 1,2,\cdots,\max;j = 1,2,\cdots,JZ$）关系，以及对应于各子系统每一个目标提水量 $W_{j,m}$ 的优化运行叶片安放角及机组转速（$\theta_{i,j}$，$n_{i,j}$）（$i = 1,2,\cdots,SN;j = 1,2,\cdots,JZ$）。

（3）大系统动态规划聚合。由上述各子系统优化计算获得的一系列 $W_{j,m}$-$f_{j,m}(W_{j,m})$ 关系（$m = 1,2,\cdots,\max;j = 1,2,\cdots,JZ$），构造成如下聚合模型：

目标函数：

$$F = \min\sum_{j=1}^{JZ} f_j(W_j) \tag{5-25}$$

水量约束：

$$\sum_{j=1}^{JZ} W_j \geqslant W_e \tag{5-26}$$

采用一维动态规划方法求解该大系统聚合模型，在获得各机组最优提水量组合 W_j^*（$j = 1,2,\cdots,JZ$）后，根据各机组优化水量分配值 W_j^* 回查子系统优化成果，可得到各水泵机组的最优开机方式。从而获得泵站各机组各时段叶片安放角 $\theta_{i,j}^*$ 与机组转速 $n_{i,j}^*$ 组合优化路径。

（4）泵站变角变速优化运行算例。

1）泵站基本情况。以淮安四站为例，安装立式轴流泵 4 台（其中一台备机），工频转速 $n = 150\text{r/min}$，叶轮直径为 2900mm，单机流量 33.4m³/s，配套电动机功率 $N_0 = 2240\text{kW}$。水泵叶片为液压全调节方式，额定叶片安放角 $\theta = 0°$，其调节范围为［$-4°$，$+4°$］。该泵站在机组转速 150r/min 下，考虑 $-4°$、$-2°$、$0°$、$+2°$、$+4°$ 五种离散叶片安放角度，对应的水泵装置性能曲线拟合方程如表 3.3-8 所列。

假设考虑对该泵站安装变频装置，调速区间设定为［130r/min，160r/min］，根据相似定律，假定效率不变，对转速 150r/min 时各叶片安放角度下水泵性能曲线方程进行相似性换算，获得不同转速下对应的水泵性能曲线方程。以叶片安放角度 0° 为例，根据相似律 $H_1 = \left(\dfrac{n_1}{n_2}\right)^2 H_2$ 和 $Q_1 = \left(\dfrac{n_1}{n_2}\right)Q_2$，则有：

$$H(n) = -0.0107Q^2 + 0.0024nQ + 4.2028\left(\frac{n}{150}\right)^2$$
$$[130\text{r/min}，160\text{r/min}]$$
$$\eta(n) = -41175\left(\frac{Q}{n}\right)^3 + 18435.25\left(\frac{Q}{n}\right)^2 - 2214.75\left(\frac{Q}{n}\right) + 107.83$$

考虑该泵站上、下游均为容积足够大的输水河道，日均扬程（H_{av}）变幅很小，因此认为其日均泵站扬程不变。假定最大泵站扬程 4.53m，最小扬程 3.13m，以 0.2m 步长离散成 8 个日均扬程。各日均扬程下，考虑定角恒速运行时的 100%、80% 及 60% 负荷水量作为优化目标水量，采用基于子系统试验选优的大系统分解-动态规划聚合方法求解，分别计算各日均扬程不同水量约束下泵站多机组组合日优化运行最小提水费用对应的单位提水费用。

为减少模型求解工作量，假定该泵站内各机组间无性能差异，故只需进行 1 组 k 次子系统优化求解工作量。

2）模型优化求解结果。由上述模型求解可得不同日均泵站扬程（3.13～4.53m）、不同负荷（100%、80%、60%）、不同峰谷电价时，泵站多机组组合优化运行方案。如（日均扬程 3.73m，100%负荷）、（日均扬程 3.93m，80%负荷）、（日均扬程 4.13m，60%负荷）3 种典型工况下日优化运行方案如表 5.5-1 所列，对应单位提水费用分别为 89.21 元/万 m^3、75.57 元/万 m^3、66.95 元/万 m^3；各日均扬程、不同负荷下优化运行的单位提水费用如图 5.5-1 所示，较定角恒速运行单位费用节省幅度如图 5.5-2 所示。

表 5.5-1　　典型日均扬程、典型负荷下泵站多机组组合日优化运行方案

H_{av}/m	负荷	机组编号	调节参数	I	II	III	IV	V	VI	VII	VIII	IX
3.73	100%	机组1	θ	2	2	4	2	4	2	2	4	4
			n	125	125	135	160	160	125	125	150	150
		机组2	θ	−4	0	2	0	4	0	0	0	0
			n	125	130	130	160	160	130	130	160	160
		机组3	θ	−4	0	2	2	4	0	0	0	0
			n	125	130	130	160	160	130	130	160	160
3.93	80%	机组1	θ	停机	0	0	4	4	停机	停机	2	2
			n		135	160	160	160			160	160
		机组2	θ	停机	停机	0	2	4	停机	停机	0	0
			n			160	160	160			160	160
		机组3	θ	停机	停机	0	2	4	停机	停机	0	0
			n			160	160	160			160	160
4.13	60%	机组1	θ	停机	停机	0	0	0	停机	停机	0	0
			n			150	160	160			160	160
		机组2	θ	停机	停机	停机	4	4	停机	停机	0	0
			n				160	150			160	160
		机组3	θ	停机	停机	停机	4	4	停机	停机	停机	停机
			n				160	160				

注　表中 θ 为叶片安放角，（°）；n 为机组转速，r/min。

通过模型优化求解可得，100%、80%、60%负荷下，各日均扬程下泵站多机组叶片全调节与变频变速组合日优化运行平均单位提水费用分别为 90.54 元/万 m^3，73.90 元/万 m^3，62.51 元/万 m^3；较定角恒速运行分别平均节约 4.19%，22.15%，29.86%，优化运行效益明显。

5.5.3　模型求解方法 2——基于子系统动态规划逐次逼近的大系统分解-动态规划聚合法

（1）大系统分解。同样以泵站各机组间的水量分配为协调变量，将泵站多机组叶片全

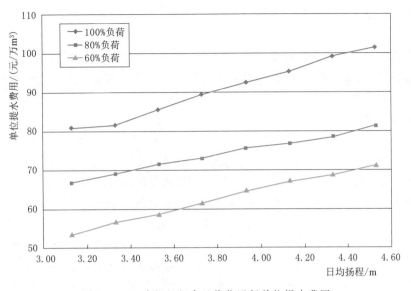

图 5.5-1 多机组组合日优化运行单位提水费用

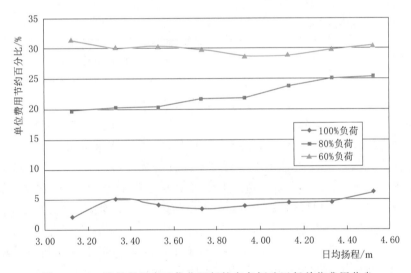

图 5.5-2 多机组组合日优化运行较定角恒速运行单位费用节省

调节与变频变速组合优化运行问题分解为 JZ 个独立的单机组叶片全调节与变频变速组合优化运行问题，同式（5-22）～式（5-24）。

（2）子系统动态规划逐次逼近优化。由大系统分解得到的子系统为一复杂非线性模型，若各时段的叶片安放角或机组转速已知，则转换为一维动态规划模型，为此，可采用动态规划逐次逼近法求解。若子系统提水目标值 W_j 已知，给定单机组各时段初始转速 $n_{1i}(i=1,2,\cdots,SN)$，采用一维动态规划法进行叶片全调节优化运行计算，获得满足提水量要求及功率约束的单机组各时段优化叶片安放角 $\theta_{1i}(i=1,2,\cdots,SN)$；再固定此叶片安放角路径，同样采用一维动态规划法进行变频变速优化运行计算，获得机组 2 次优化转速路径 $n_{2i}(i=1,2,\cdots,SN)$；再固定此机组各时段转速路径，以此循环往复计算，直至满足

模型给定控制精度 ε，获得最终的子系统优化运行叶片安放角及转速 $(\theta_i,n_i)(i=1,2,\cdots,SN)$。

以上为给定单机组 1 个提水量要求下的叶片全调节与变频变速组合优化计算。以一定步长离散单机组 1d 最大提水能力（即各时段满足功率要求的最大叶片角度及最大机组转速下运行时的提水总量）$W_{j,\max}$，采用单机组组合日优化运行模型分别计算各水泵单机组对应不同提水量 $W_{j,m}(m=1,2,\cdots,\max)$ 要求下的最少提水费用 $f_{j,m}$。

考虑同一泵站内机组型号相同且无性能差异，因而子系统优化工作量只需进行 m 次不同提水量 $W_{j,m}$ 离散下的优化运行计算。由此获得一系列 $W_{j,m}-f_{j,m}(W_{j,m})(m=1,2,\cdots,\max)$ 关系，以及对应于每一个 $W_{j,m}$ 的优化运行叶片安放角及转速 $(\theta_i,n_i)(i=1,2,\cdots,SN)$。

（3）大系统动态规划聚合。由上述各子系统优化计算，获得一系列 $W_{j,m}-f_{j,m}(W_{j,m})$ 关系（$j=1,2,\cdots,JZ;m=1,2,\cdots,\max$），则模型式（5-1）～式（5-3）同样可转化为聚合模型式（5-25）～式（5-27），采用一维动态规划方法求解该聚合模型，在获得各机组最优提水量组合 $W_j^*(j=1,2,\cdots,JZ)$ 后，根据各机组优化水量分配值 W_j^* 回查子系统优化成果，可得到各水泵机组的最优开机方式。从而获得泵站各机组各时段叶片安放角 $\theta_{i,j}^*$ 与机组转速 $n_{i,j}^*$ 组合优化路径。

（4）泵站变角变速优化运行计算实例。

1）泵站基本情况。同样采用 5.5.2 所述典型泵站。考虑该泵站上、下游均为容积足够大的输水河道，日均扬程（H_{av}）变幅很小，因此认为其日均泵站扬程不变。假定最大泵站扬程 4.93m，最小扬程 3.13m，以 0.2m 步长离散成 10 个日均扬程。各日均扬程下，考虑定角恒速运行时的 100%、80% 及 60% 负荷水量作为优化目标水量，采用基于子系统动态规划逐次逼近的大系统分解-动态规划聚合方法求解，分别计算各日均扬程不同水量约束下泵站多机组组合日优化运行最小提水费用对应的单位提水费用。

2）优化运行结果。由上述模型求解可得不同日均泵站扬程（3.13～4.93m）、不同负荷（100%，80%，60%）、不同峰谷电价时，泵站多机组组合优化运行方案。如（日均扬程 3.73m，100% 负荷）、（日均扬程 3.93m，80% 负荷）、（日均扬程 4.13m，60% 负荷）3 种典型工况下日优化运行方案如表 5.5-2 所列，对应单位提水费用分别为 89.24 元/万 m^3、75.95 元/万 m^3、67.07 元/万 m^3；各日均扬程、不同负荷下优化运行的单位提水费用见图 5.5-3，较定角恒速运行单位费用节省幅度见图 5.5-4。

表 5.5-2　　典型日均扬程、典型负荷下泵站多机组组合日优化运行方案

H_{av}/m	负荷	机组编号	调节参数	时　段　编　号								
				Ⅰ	Ⅱ	Ⅲ	Ⅳ	Ⅴ	Ⅵ	Ⅶ	Ⅷ	Ⅸ
3.73	100%	机组 1	θ	停机	0	0	+2	+2	0	0	0	0
			n		160	160	160	160	160	160	160	160
		机组 2	θ	停机	0	0	+2	+2	0	0	0	0
			n		160	160	160	160	160	160	160	160
		机组 3	θ	停机	停机	0	+2	0	0	0	0	0
			n			160	160	160	160	160	160	160

续表

H_{av}/m	负荷	机组编号	调节参数	时段编号								
				I	II	III	IV	V	VI	VII	VIII	IX
3.93	80%	机组1	θ	停机	停机	0	+4	+4	停机	0	0	0
			n	停机	停机	160	160	160	停机	160	160	160
		机组2	θ	停机	停机	−2	+4	+4	停机	停机	0	0
			n	停机	停机	155	160	160	停机	停机	160	160
		机组3	θ	停机	停机	−2	+4	+4	停机	停机	0	0
			n	停机	停机	155	160	160	停机	停机	160	160
4.13	60%	机组1	θ	停机	停机	0	+2	0	停机	停机	0	0
			n	停机	停机	160	160	160	停机	停机	160	160
		机组2	θ	停机	停机	−2	+2	+2	停机	停机	停机	0
			n	停机	停机	155	160	160	停机	停机	停机	160
		机组3	θ	停机	停机	−4	0	0	停机	停机	停机	停机
			n	停机	停机	155	160	160	停机	停机	停机	停机

注 表中 θ 为叶片安放角，(°)；n 为机组转速，r/min。

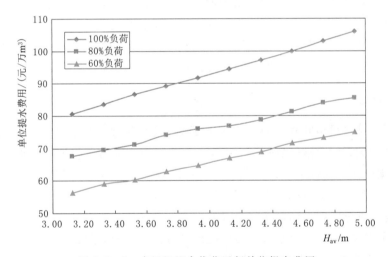

图 5.5-3 多机组组合优化运行单位提水费用

3）优化运行成果分析。应用基于子系统动态规划逐次逼近的大系统分解-动态规划聚合法对该泵站各日均扬程不同提水负荷要求进行多机组组合优化运行计算，对获得的图表进行分析，可以获得以下结果：

a. 100%、80%、60%负荷下，各日均扬程下泵站多机组叶片全调节与变频变速组合优化运行平均单位提水费用分别为 103.62 元/万 m^3，84.96 元/万 m^3，73.19 元/万 m^3；较定角恒速运行分别平均节约 5.80%，25.19%，32.20%。

b. 由表 5.5-2 可知，机组在叶片全调节与变频变速组合优化运行时，尽可能在高转速下调节叶片安放角度，进而达到优化效果。也即在工况调节方式选择上，优先采用叶片

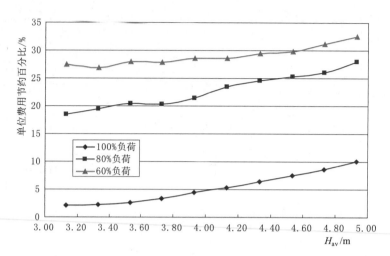

图 5.5-4　多机组组合优化运行较定角恒速运行单位费用节省

全调节方式。

　　c. 由图 5.5-4 可知，3 种提水负荷下，60% 负荷的优化运行效益最高；且同一提水负荷下，优化运行效益随日均扬程的增加而提高。可以看出，在提水负荷较小、提水扬程较高时，泵站优化运行时工况调节余地较大，可获得较高的优化效益。

　　d. 结合图 5.5-3、图 5.5-4 可知，在提水负荷一定条件下，单位提水费用随日均扬程提高而增加，但单位提水费用节约百分比总体也随之增加。

5.5.4　结论与讨论

　　（1）针对泵站多机组叶片全调节与变频变速组合优化运行数学模型，分别提出基于子系统试验选优的大系统分解-动态规划聚合法、基于子系统动态规划逐次逼近的大系统分解-动态规划聚合法，取得了较好优化成果，为求解同一时段内各机组在不同叶片安放角度及机组转速下的优化运行问题提供了一种新的途径。

　　（2）考虑峰谷分时电价的影响，通过典型泵站的计算分析，建立了一套不同日均扬程及提水负荷要求下的泵站多机组日运行优化调度方案。该成果可供兼有叶片全调节与变频变速工况调节方式的泵站优化运行参考，也可为梯级泵站站间优化运行研究提供理论基础。

　　（3）该方法同样可用于求解具有多决策变量的阶段可分的复杂非线性数学模型，丰富和发展了大系统理论。

5.6　小结

　　在单机组优化运行研究基础上，开展了泵站多机组优化运行研究。

　　（1）以江都四站为例，提出了适用于站内多机组同型号的叶片安放角试验选优与开机台数整数规划相结合的叶片全调节试验选优方法。

（2）以淮安四站为例，提出了适用于站内不同型号多机组的叶片全调节大系统分解-动态规划聚合求解方法。

（3）以淮阴三站为例，考虑变频装置效率随转速变化而改变时，提出了应用大系统分解-动态规划聚合方法优化的淮阴三站变频变速日优化运行方法。

（4）以淮安四站为例，针对泵站多机组叶片全调节与变频变速组合日优化运行数学模型，分别提出了基于子系统试验选优的大系统分解-动态规划聚合法、基于子系统动态规划逐次逼近的大系统分解-动态规划聚合法。

（5）分别对江都四站、淮安四站多机组叶片全调节及淮阴三站多机组变频变速优化运行，提出了一整套优化运行方案。

第**6**章

▶ 并联泵站群优化运行方法研究

　　梯级泵站群调水是国内外跨流域调水工程的主要措施，而同级并联站群是梯级站群的"级点"。因此，对于"级点"并联站群优化运行，是梯级站群优化运行的前提。并联站群优化运行除了考虑并联站群中各单站本身内部机组优化运行以外，还要以"级点"并联站群为一个系统，考虑各单站水量的优化调配与组合，以获得并联站群系统的最优调度方式。

6.1 并联泵站群优化运行数学模型

　　统筹考虑大型泵站不宜频繁开停机及峰谷电价等因素，以并联泵站群运行机组耗电费用最小为目标函数，以并联泵站群提水总量、各泵站机组额定功率等为约束条件，建立复杂并联泵站群系统变工况优化运行数学模型。

6.1.1 模型构建

　　目标函数：

$$M = \min \sum_{k=1}^{BZ} F_k = \min \sum_{k=1}^{BZ} \sum_{j=1}^{JZ} \sum_{i=1}^{SN} \frac{\rho g Q_{i,j,k}(\theta_{i,j,k}, n_{i,j,k}) H_{i,j,k}}{\eta_{z,i,j,k}(\theta_{i,j,k}, n_{i,j,k}) \eta_{\text{mot},j,k} \eta_{\text{int},j,k} \eta_{\text{f},j,k}} \cdot \Delta T_i P_i \quad (6-1)$$

　　总水量约束：

$$\sum_{k=1}^{BZ} \sum_{j=1}^{JZ} \sum_{i=1}^{SN} Q_{i,j,k}(\theta_{i,j,k}, n_{i,j,k}) \Delta T_i \geqslant W_e \quad (6-2)$$

　　功率约束：

$$N_{i,j,k}(\theta_{i,j,k}, n_{i,j,k}) \leqslant N_{0,j,k} \quad (6-3)$$

式中：M 为并联泵站群最小运行耗电费用，元；BZ 为同一并联泵站群包含的泵站数座；F_k 为第 k 座泵站运行耗电费用，元；W_e 为并联泵站群日提水总量，万 m^3；其余变量含义可按式（5-1）～式（5-3）各变量含义类推。

6.1.2 建模说明

　　若并联泵站群的单站机组型号相同，则以"整站原则"，站间以站为单元，组合保持不变；若单站存在不同型号机组，则以相同型号机组为单元（即子系统）予以分解，进行

"虚拟"单元重组,使同一单元内部机组型号相同,以简化子系统优化运行的求解;若不同单站机组型号相同则予以合并(为使合并单元优化建立在同一运行扬程基础上,注意进、出水条件一致性的修正),形成机组单元重组的"虚拟"并联单元。

根据上述方法,并联泵站群机组重组可以采用以下两种方式:

(1)仅对单站内存在不同型号机组进行单元机组划分,而单站内机组型号相同则遵循"整站原则"不进行合并,如图 6.1-1 所示重组"虚拟"并联单元(a)。

(2)通过"相同型号合并、不同型号拆分"式机组重组,形成重组单元系列,则各单元内部机组型号相同,两两单元机组型号不同,如图 6.1-2 所示重组"虚拟"并联单元(b)。

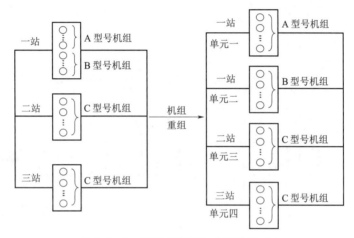

图 6.1-1 重组"虚拟"并联单元(a)

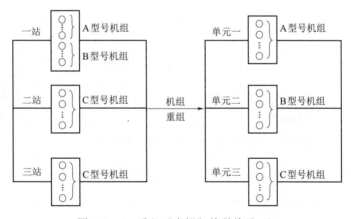

图 6.1-2 重组"虚拟"并联单元(b)

6.2 基于分解-动态规划聚合法的江都并联站群优化运行方法研究

根据前述站内优化结论,对并联站群叶片全调节优化运行方法进行研究。在前述站内单机组、多机机组优化理论的基础上,以江都一站—四站并联站群优化运行为例,建立并联站群叶片全调节多决策变量非线性复杂系统优化数学模型,采用大系统分解-动态规划

87

聚合法进行优化计算与分析。

6.2.1 江都站群基本情况及不同型号机组性能表达式

江都站群包括 4 座泵站 3 种型号机组，即一站、二站各为 8 台 1.75ZLQ－7 型轴流泵，额定转速 $n_e = 250r/min$，设计叶片角度 $\theta = 0°$，设计扬程 6.0m；三站为 10 台 2000ZLQ13.7－7.8 型轴流泵，额定转速 $n_e = 214.3r/min$，设计叶片角度 $\theta = +2°$，设计扬程 7.8m；四站为 7 台 3000ZLQ33.0－7.8 型轴流泵，额定转速 $n_e = 150r/min$，设计叶片角度 $\theta = 0°$，设计扬程 7.8m。在额定转速、设计叶片角度下三种型号水泵装置性能曲线及回归方程如图 6.2－1 所示。

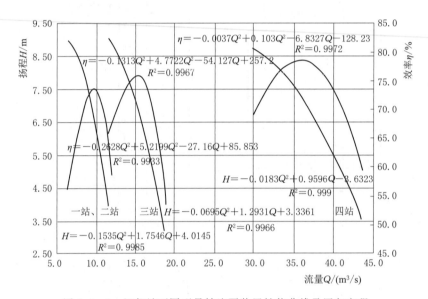

图 6.2－1 江都站不同型号轴流泵装置性能曲线及回归方程

根据江都各站机组额定转速下不同叶片安放角时的 Q-H、Q-η 性能曲线拟合方程（表 3.3－3、表 3.3－4 和表 3.3－5），可以得到不同型号机组、不同叶片角度（在其可行域内的离散取值）、不同扬程下的流量及其对应的装置效率。

6.2.2 江都站群不同型号机组叶片全调节优化运行效果分析

由于受长江水位潮汐的影响，江都站群扬程变化频繁且变化幅度较大，泵站运行工况变化频繁，运行优化复杂。在江都站已有优化运行理论的基础上，综合考虑长江潮位、峰谷电价等因素，在单机组叶片全调节优化运行数学模型的基础上，对江都站群不同型号单机组进行叶片全调节优化运行效果分析，为站群优化理论提供依据。

（1）分析方法。由于江都一站、二站机组型号相同，重组为"二站"，共 16 台机组，对不同型号机组（二站、三站、四站）、不同日均扬程（7.8m、6.8m、5.8m、4.8m、3.8m）、不同运行负荷（100%、80%、60%负荷）组合生成 45 种方案组，分别调用单机组叶片全调节优化运行子程序，按考虑峰谷电价与不考虑峰谷电价两种情况，对每一种组合方案进行优化计算，分别确定最小提水费用，同时确定相应方案常规运行提水费用。为便于不同型号机组叶片全调节优化运行效果分析比较，最后采用单位提水费用作为各组合方案的评价指标。

（2）计算过程及结果。

1）考虑峰谷电价情况下的叶片全调节优化运行与常规运行计算结果分析。

在不同日均扬程、不同运行负荷下，考虑峰谷电价时不同型号机组叶片全调节优化运行与常规运行单位提水费用及其比较见表 6.2-1，考虑峰谷电价叶片全调节优化运行单位费用趋势分析如图 6.2-2 所示，考虑峰谷电价叶片全调节优化运行相对常规运行单位费用节省率趋势分析如图 6.2-3 所示。

a. 根据表 6.2-1 考虑峰谷电价叶片全调节优化运行统计数据栏及图 6.2-2 相应趋势线，各站单机组分别由不同日均扬程、不同运行负荷组合生成 15 种提水方案，则单位提水费用总体分布趋势：日均扬程大于 5.8m 时，二站大于三站大于四站；日均低扬程小于 5.8m 时，三站大于四站大于二站；日均扬程 5.8m 时，各站单机组单位提水费用相当。同时，由图 6.2-2 趋势线纵向不同运行负荷单位费用值显示，不同日均扬程下各站单机组单位费用均随着运行负荷的减少而下降，下降幅度相当，平均为 16%；横向不同日均扬程单位费用趋势线显示，不同运行负荷下各站单机组单位费用均随着日均扬程的降低而下降，下降幅度相当，平均为 13.6%。

表 6.2-1　各站单机组考虑峰谷电价叶片全调节优化运行与常规运行比较分析表

日均扬程 /m	机组 站别	考虑峰谷电价叶片 全调节运行 单位费用/(元/万 m³)			考虑峰谷电价常规运行 单位费用/(元/万 m³)			叶片全调节优化运行 较常规运行 单位费用节省率/%			100%负荷 提水量 W /万 m³
		W_I	W_{II}	W_{III}	W_I	W_{II}	W_{III}	W_I	W_{II}	W_{III}	
7.8	四	168.0	136.1	111.2	176.5	176.2	166.5	4.8	22.8	33.2	295.0
	三	180.4	156.4	127.9	184.7	184.3	174.3	2.3	15.1	26.6	121.3
	二	193.4	167.6	137.1	194.1	193.5	183.2	0.4	13.4	25.2	73.9
6.8	四	144.3	117.6	97.7	153.8	153.9	145.0	6.2	23.6	32.6	320.4
	三	151.6	128.0	107.0	158.2	158.1	149.2	4.2	19.0	28.3	132.9
	二	156.4	130.9	110.3	163.0	162.8	153.7	4.0	19.6	28.2	82.4
5.8	四	127.5	105.7	87.9	137.4	137.5	129.5	7.2	23.1	32.1	340.1
	三	133.1	112.4	93.7	139.0	139.0	131.0	4.2	19.1	28.5	142.3
	二	130.4	110.9	92.5	140.7	140.6	132.6	7.3	21.1	30.2	89.1
4.8	四	113.1	94.9	78.6	122.6	122.7	115.6	7.7	22.7	32.0	356.8
	三	118.3	99.7	83.3	123.6	123.6	116.5	4.3	19.3	28.5	150.4
	二	111.3	93.4	78.7	122.1	122.0	115.2	8.8	23.4	31.7	94.8
3.8	四	98.7	83.3	70.0	107.2	107.2	101.2	7.9	22.3	30.8	371.7
	三	105.4	92.6	74.1	110.1	110.2	103.8	4.3	16.0	28.6	157.7
	二	95.7	81.1	67.8	104.9	104.7	98.9	8.8	22.5	31.4	99.9

注　$W_I = 100\%W$（100%负荷）；$W_{II} = 80\%W$（80%负荷）；$W_{III} = 60\%W$（60%负荷）。

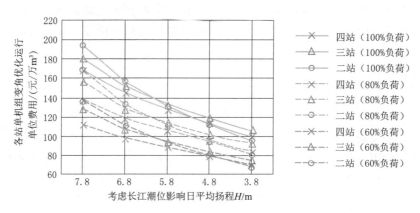

图 6.2-2　叶片全调节优化运行单位费用趋势图（考虑峰谷电价）

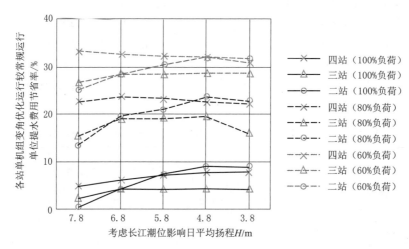

图 6.2-3　叶片全调节优化运行相对常规运行单位费用节省率趋势分析图（考虑峰谷电价）

　　b. 根据表 6.2-1 及图 6.2-3 纵向不同运行负荷单位费用节省率表明，不同日均扬程下各站机组单位费用节省率随着运行负荷的减少而显著增加：100% 负荷运行时，各站机组叶片全调节运行较常规运行节省率平均为 5.5%；80% 负荷时，各站机组在不同日均扬程下叶片全调节运行均明显优于常规运行，单位费用节省率平均为 20.2%；60% 负荷时，各站机组在不同日均扬程下叶片全调节运行与常规运行相比，单位费用节省率平均达 29.9%。图 6.2-3 横向不同日均扬程单位费用节省率趋势线表明：在不同运行负荷下，各站单机组单位费用节省率总体均随着日均扬程的减少而呈"先增后降"趋势（三站、四站基本以日均扬程 6.8m 为转折且小于 6.8m 时变化平缓、二站以日均扬程 4.8m 为转折），且日均高扬程时四站高于三站、二站，日均低扬程时二站高于三站、四站。这与不同型号机组的最优工况点工作扬程有关。

　　2）不考虑峰谷电价情况下的叶片全调节优化运行与常规运行计算结果分析。在不同日均扬程、不同运行负荷下，不考虑峰谷电价时不同型号机组叶片全调节优化运行与常规运行单位提水费用及其比较见表 6.2-2，不考虑峰谷电价叶片全调节优化运行单位费用趋势分析如图 6.2-4 所示，不考虑峰谷电价叶片全调节优化运行相对常规运行单位费用节省率趋势分析如图 6.2-5 所示。

表 6.2-2　　不考虑峰谷电价时各站单机组叶片全调节优化运行与常规运行单位

提水费及其比较分析表

日均扬程 /m	机组 站别	不考虑峰谷电价叶片 全调节运行 单位费用/(元/万 m³)			不考虑峰谷电价常规运行 单位费用/(元/万 m³)			叶片全调节优化运行 较常规运行 单位费用节省率/%			100%负荷 提水量 W /万 m³
		W_I	W_{II}	W_{III}	W_I	W_{II}	W_{III}	W_I	W_{II}	W_{III}	
7.8	四	172.3	167.7	166.0	178.1	176.8	178.4	3.3	5.1	7.0	295.0
	三	185.4	182.3	179.3	185.7	184.2	186.0	0.2	1.0	3.6	121.3
	二	194.6	191.5	187.2	195.2	193.4	195.6	0.3	1.0	4.3	73.9
6.8	四	151.5	149.7	147.9	154.5	153.7	154.7	1.9	2.6	4.4	320.4
	三	158.8	156.9	154.2	159.0	158.0	159.2	0.1	0.7	3.2	132.9
	二	163.8	161.7	158.6	163.8	162.7	164.1	0.0	0.6	3.4	82.4
5.8	四	134.5	131.6	129.6	137.7	137.1	137.9	2.3	4.0	5.9	340.1
	三	139.2	137.3	135.4	139.6	138.9	139.8	0.3	1.1	3.1	142.3
	二	141.5	139.0	136.7	141.5	140.6	141.7	0.0	1.1	3.5	89.1
4.8	四	119.3	115.5	114.1	123.2	122.6	123.3	3.2	5.8	7.5	356.8
	三	123.4	121.9	120.3	124.2	123.6	124.4	0.6	1.4	3.3	150.4
	二	123.0	120.0	117.9	123.0	122.2	123.2	0.0	1.8	4.3	94.8
3.8	四	103.7	100.3	98.9	107.9	108.1	108.9	3.9	7.2	9.2	371.7
	三	109.7	108.4	107.0	110.8	110.2	110.9	1.0	1.7	3.5	157.7
	二	105.5	102.6	100.8	105.9	105.1	106.0	0.3	2.4	4.9	99.9

注　$W_I=100\%W$（100%负荷）；$W_{II}=80\%W$（80%负荷）；$W_{III}=60\%W$（60%负荷）。

　　a. 根据表 6.2-2 不考虑峰谷电价叶片全调节优化运行统计数据栏及图 6.2-4 相应趋势线，各站单机组分别由不同日均扬程、不同运行负荷下组合生成 15 种提水方案，则单位提水费用总体分布趋势：日均扬程不小于 5.8m 时，二站大于三站大于四站；日均低扬程小于 5.8m 时，三站大于二站大于四站，且二站、四站相差不大；日均扬程 4.8m 时，各站单机组单位提水费用相当。同时，由图 6.2-4 趋势线纵向不同运行负荷单位费用值显示，不同日均扬程下各站单机组单位费用均随着运行负荷的减少而下降，但下降幅度均不大；横向不同日均扬程单位提水费用趋势线显示，不同运行负荷下各站单机组单位费用均随着日均扬程的降低而下降，各机组下降幅度相当，平均为 12.9%。

　　b. 根据图 6.2-5 所示叶片全调节优化运行相对常规运行单位费用节省率变化趋势线，从横向分布分析，在同一运行负荷状态下，不同型号机组的相对节省率随日均扬程的变化而总体上呈"先降后升"趋势（以日均扬程 6.8m 为转折），其中四站机组随日均扬程变化幅度（2%~4.8%）大于三站（0.4%~1.0%）和二站（0.3%~1.8%）；从纵向分布来看，相同日均扬程下，不同型号机组相对节省率均随运行负荷的降低而增大，其中四

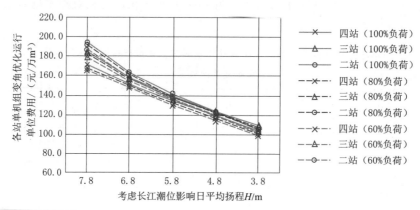

图 6.2-4　叶片全调节优化运行单位费用趋势图（不考虑峰谷电价）

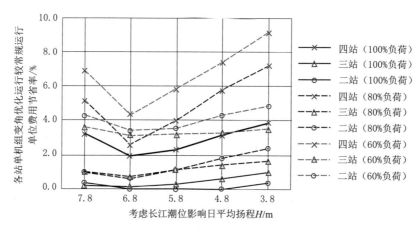

图 6.2-5　叶片全调节优化运行相对常规运行单位费用节省率趋势分析图（不考虑峰谷电价）

站在不同运行负荷状态下的节省率均明显高于二站和三站（100%、80%、60%负荷下，四站不同日均扬程平均单位费用节省率分别为2.9%、5.0%、6.8%；而三站相应节省率分别为0.4%、1.2%、3.4%；二站相应节省率分别为0.1%、1.4%、4.1%）。总体上，四站的装置性能优于二站和三站。

（3）结论。

1）在不同运行负荷下，江都站群各站单机组叶片全调节优化运行单位提水费用总体分布趋势：以5.8m为转折，日均扬程大于5.8m时，二站大于三站大于四站；日均低扬程小于5.8m时，三站大于二站、四站（二站、四站相差不大）。同时，各站单机组低扬程叶片全调节优化运行单位提水费用节省效果显著，且考虑峰谷电价时运行负荷对其叶片全调节优化运行结果影响程度明显，而不考虑峰谷电价时运行负荷对其叶片全调节优化运行结果影响程度较小。

2）考虑峰谷电价，江都站群在不同日均扬程下，各站机组100%、80%、60%负荷运行时，其叶片全调节优化运行较常规运行单位费用节省率平均值分别为5.5%、20.2%和29.9%。同时，在不同运行负荷下，各站单机组单位费用节省率总体均随着日均扬程的减少而呈先增后降趋势，且日均高扬程时四站高于三站、二站，日均低扬程时二站高于三站、四站。

3）不考虑峰谷电价，在同一运行负荷状态下，不同型号机组的相对节省率随日均扬程的变化而总体上呈先降后升趋势（以日均扬程 6.8m 为转折），其中四站机组随日均扬程变化幅度大于三站和二站。另外，在相同日均扬程下，不同型号机组相对节省率均随运行负荷的降低而增大，其中四站在不同运行负荷状态下的节省率均明显高于二站和三站。

4）在不同日均扬程、不同运行负荷情况下，考虑峰谷电价时叶片全调节优化运行相对常规运行单位费用节省率均明显大于不考虑峰谷电价相应节省率，效益显著。

上述结论，主要分析了不同型号机组叶片全调节优化运行单位费用的变化规律，考虑峰谷电价对各机组优化结果产生的影响程度，以及叶片全调节优化运行相对常规运行的优化效果，为考虑长江潮汐影响、峰谷电价等因素的站内不同型号机组叶片全调节优化运行、站间并联站群叶片全调节优化运行提供理论依据，同时为大、中型泵站改造与经济运行提供参考。

6.2.3 江都并联站群优化运行模型求解方法——大系统分解-动态规划聚合法

（1）并联站群叶片全调节优化运行数学模型的建立。考虑图 6.1-1、图 6.1-2，以水泵型号重组"虚拟"并联泵站群，结合站内多机组同型号叶片全调节优化运行数学模型式（5-4）～式（5-6），将并联泵站群优化运行数学模型式（6-1）～式（6-3），转换为叶片全调节优化运行数学模型。

目标函数：

$$M = \min \sum_{k=1}^{BZ} F_k = \sum_{k=1}^{BZ} \sum_{i=1}^{SN} NS_{i,k} \cdot \frac{\rho g Q_{i,k}(\theta_{i,k}) H_{i,k}}{\eta_{z,i,k}(\theta_{i,k}) \eta_{\mathrm{mot},k} \eta_{\mathrm{int},k}} \Delta T_i P_i \tag{6-4}$$

总水量约束：

$$\sum_{k=1}^{BZ} \sum_{i=1}^{SN} NS_{i,k} Q_{i,k}(\theta_{i,k}) \Delta T_i \geqslant W_e \tag{6-5}$$

功率约束：

$$N_{i,k}(\theta_{i,k}) \leqslant N_{0,k} \tag{6-6}$$

式中：$NS_{i,k}$ 为第 k 个虚拟泵站第 i 时段水泵开机台数，台；其余各变量含义按以上类推。

（2）模型的求解。

1）"虚拟"泵站子系统叶片全调节优化运行模型求解。江都站并联站群按机组型号划分重组单元，江都一站、二站机组型号相同，合并为 1 个单元，则并联站群叶片全调节优化运行模型分解为 3 个泵站多机组叶片全调节优化运行子系统。该子系统模型求解方法采用站内机组同型号叶片全调节优化运行模型求解方法（大系统试验选优方法），详见 5.2 节。由此获得各"虚拟"泵站子系统不同提水量下一整套优化运行过程及对应的目标费用值。

2）大系统模型动态规划聚合。由各"虚拟"泵站子系统不同提水负荷下的优化运行过程及对应的目标费用，将各"虚拟"泵站子系统叶片全调节优化运行模型聚合成决策变量为各"虚拟"泵站提水量，阶段变量为各"虚拟"泵站的一维动态规划模型，采用动态规划方法求解，获得并联泵站群最小提水费用下各"虚拟"泵站的最优提水量，进而反查"虚拟"泵站在该目标提水量下各机组的最优开机过程，由此获得并联泵站群各机组最优开机方案。

该动态规划聚合求解方法详见 5.3.2 节。

3）江都并联站群叶片全调节优化运行结果。选取日均扬程 5.8m、不同提水负荷下并联泵站群叶片全调节优化运行为例，采用大系统分解-动态规划聚合法进行优化计算，计算结果如表 6.2-3 所列。

表 6.2-3　日均扬程 5.8m、不同提水规模下并联泵站群叶片全调节优化运行计算结果

运行负荷	单元机组	时段序号	扬程/m	叶片角度/(°)	效率	开机台数	流量/(m³/s)	水量/万 m³	费用/万元
		Ⅰ	6.06	停机	停机	0	0.00	0.00	0.00
		Ⅱ	5.46	停机	停机	0	0.00	0.00	0.00
		Ⅲ	5.40	−4	0.728	14	128.52	92.53	1.17
		Ⅳ	5.82	+6	0.679	16	202.24	291.23	2.00
	一 (二站)	Ⅴ	6.13	+6	0.688	16	198.24	285.47	2.03
		Ⅵ	5.50	停机	停机	0	0.00	0.00	0.00
		Ⅶ	5.36	停机	停机	0	0.00	0.00	0.00
		Ⅷ	5.69	−4	0.735	16	144.00	155.52	2.05
		Ⅸ	6.09	−4	0.741	1	8.74	9.44	0.13
		小计	—	—	—	—	—	834.18	7.37
		Ⅰ	6.06	停机	停机	0	0.00	0.00	0.00
		Ⅱ	5.46	停机	停机	0	0.00	0.00	0.00
		Ⅲ	5.40	0	0.720	10	159.10	114.55	1.46
		Ⅳ	5.82	+4	0.734	10	176.40	254.02	1.61
60% 负荷	二 (三站)	Ⅴ	6.13	+4	0.744	10	173.10	249.26	1.64
		Ⅵ	5.50	停机	停机	0	0.00	0.00	0.00
		Ⅶ	5.36	停机	停机	0	0.00	0.00	0.00
		Ⅷ	5.69	−4	0.737	10	136.40	147.31	1.93
		Ⅸ	6.09	停机	停机	0	0.00	0.00	0.00
		小计	—	—	—	—	—	765.14	6.65
		Ⅰ	6.06	停机	停机	0	0.00	0.00	0.00
		Ⅱ	5.46	停机	停机	0	0.00	0.00	0.00
		Ⅲ	5.40	−2	0.762	7	262.50	189.00	2.28
		Ⅳ	5.82	+4	0.747	7	309.40	445.54	2.77
	三 (四站)	Ⅴ	6.13	+4	0.764	7	305.20	439.49	2.82
		Ⅵ	5.50	停机	停机	0	0.00	0.00	0.00
		Ⅶ	5.36	停机	停机	0	0.00	0.00	0.00
		Ⅷ	5.69	−2	0.773	7	258.30	278.96	3.49
		Ⅸ	6.09	−4	0.776	7	235.20	254.02	3.39
		小计	—	—	—	—	—	1607.00	14.75

续表

运行负荷	单元机组	时段序号	扬程/m	叶片角度/(°)	效率	开机台数	流量/(m³/s)	水量/万 m³	费用/万元
80%负荷	一（二站）	Ⅰ	6.06	停机	停机	0	0.00	0.00	0.00
		Ⅱ	5.46	停机	停机	0	0.00	0.00	0.00
		Ⅲ	5.40	+4	0.683	16	194.40	139.97	1.88
		Ⅳ	5.82	+6	0.679	16	202.24	291.23	2.00
		Ⅴ	6.13	+6	0.688	16	198.24	285.47	2.03
		Ⅵ	5.50	停机	停机	0	0.00	0.00	0.00
		Ⅶ	5.36	停机	停机	0	0.00	0.00	0.00
		Ⅷ	5.69	+6	0.675	16	203.84	220.15	3.15
		Ⅸ	6.09	+4	0.706	16	186.08	200.97	2.95
		小计	—	—	—	—	—	1137.77	12.01
	二（三站）	Ⅰ	6.06	停机	停机	0	0.00	0.00	0.00
		Ⅱ	5.46	停机	停机	0	0.00	0.00	0.00
		Ⅲ	5.40	+4	0.716	10	180.60	130.03	1.67
		Ⅳ	5.82	+4	0.734	10	176.40	254.02	1.61
		Ⅴ	6.13	+4	0.744	10	173.10	249.26	1.64
		Ⅵ	5.50	−6	0.723	10	128.60	92.59	1.99
		Ⅶ	5.36	+2	0.718	2	33.76	24.31	0.51
		Ⅷ	5.69	+4	0.729	10	177.70	191.92	2.55
		Ⅸ	6.09	+4	0.743	10	173.50	187.38	2.61
		小计	—	—	—	—	—	1129.51	12.58
	三（四站）	Ⅰ	6.06	停机	停机	0	0.00	0.00	0.00
		Ⅱ	5.46	停机	停机	0	0.00	0.00	0.00
		Ⅲ	5.40	−2	0.762	7	262.50	189.00	2.28
		Ⅳ	5.82	+4	0.747	7	309.40	445.54	2.77
		Ⅴ	6.13	+4	0.764	7	305.20	439.49	2.82
		Ⅵ	5.50	停机	停机	0	0.00	0.00	0.00
		Ⅶ	5.36	−2	0.761	7	263.20	189.50	3.78
		Ⅷ	5.69	+4	0.740	7	311.50	336.42	4.40
		Ⅸ	6.09	+4	0.762	7	305.90	330.37	4.49
		小计	—	—	—	—	—	1930.32	20.54
100%负荷	一（二站）	Ⅰ	6.06	停机	停机	0	0.00	0.00	0.00
		Ⅱ	5.46	−4	0.730	16	146.24	105.29	2.23
		Ⅲ	5.40	+6	0.664	16	207.36	149.30	2.06
		Ⅳ	5.82	+6	0.679	16	202.24	291.23	2.00

续表

运行负荷	单元机组	时段序号	扬程/m	叶片角度/(°)	效率	开机台数	流量/(m³/s)	水量/万 m³	费用/万元
	一（二站）	V	6.13	+6	0.688	16	198.24	285.47	2.03
		VI	5.50	−4	0.731	4	36.48	26.27	0.56
		VII	5.36	−2	0.722	12	118.92	85.62	1.80
		VIII	5.69	+6	0.675	16	203.840	220.15	3.15
		IX	6.09	+4	0.706	16	186.080	200.97	2.95
		小计	—	—	—	—	—	1364.28	16.78
100%负荷	二（三站）	I	6.06	停机	停机	0	0.00	0.00	0.00
		II	5.46	−2	0.734	10	148.50	106.92	2.25
		III	5.40	+4	0.716	10	180.60	130.03	1.67
		IV	5.82	+4	0.734	10	176.40	254.02	1.61
		V	6.13	+4	0.744	10	173.10	249.26	1.64
		VI	5.50	+2	0.725	10	167.50	120.60	2.59
		VII	5.36	+2	0.718	10	168.80	121.54	2.57
		VIII	5.69	+4	0.729	10	177.70	191.92	2.55
		IX	6.09	+4	0.743	10	173.50	187.38	2.61
		小计	—	—	—	—	—	1361.66	17.49
	三（四站）	I	6.06	−2	0.78	7	253.40	182.45	3.99
		II	5.46	−2	0.765	7	261.80	188.50	3.81
		III	5.40	+3	0.711	7	303.80	218.74	2.82
		IV	5.82	+4	0.747	7	309.40	445.54	2.77
		V	6.13	+4	0.764	7	305.20	439.49	2.82
		VI	5.50	−2	0.766	7	261.10	187.99	3.82
		VII	5.36	−2	0.761	7	263.20	189.50	3.78
		VIII	5.69	+4	0.740	7	311.50	336.42	4.40
		IX	6.09	+4	0.762	7	305.90	330.37	4.49
		小计	—	—	—	—	—	2518.99	32.71

6.3　淮安并联站群叶片全调节优化运行方法研究

6.3.1　淮安并联泵站群基本情况及不同型号机组性能表达式

淮安一站、二站、四站属南水北调东线第二梯级泵站。各泵站基本情况见表 6.3-1，淮安一站、二站、四站机组在不同叶片安放角下性能曲线拟合方程分别见表 3.3-6、表 3.3-7 和表 3.3-8。

表 6.3-1　　　　　　　　　　淮安一站、二站、四站基本情况表

泵站名称	水泵类型	台数	叶轮直径 /mm	额定转速 /(r/min)	配套电机功率 /kW	额定叶片 安放角/(°)	叶片调节 范围
淮安一站	立式轴流泵	8	1640	250	1000	0	$-4°\sim+4°$
淮安二站	立式轴流泵	2	4500	93.75	5000	0	$-4°\sim+4°$
淮安四站	立式轴流泵	4	2900	150	2240	0	$-4°\sim+4°$

6.3.2　并联泵站群多机组叶片全调节运行优化模型

以并联泵站群日开机运行总耗电费用最少为目标函数，1d（24h）划分的 SN 个时段为阶段变量，各泵站机组各时段叶片安放角为决策变量，规定时段内的抽水总量及各机组电机轴功率为约束条件，将模型式（6-1）~式（6-3）转换为如下并联泵站群多机组叶片全调节运行优化数学模型。

目标函数：

$$M = \min \sum_{k=1}^{BZ} F_k = \min \sum_{k=1}^{BZ} \sum_{j=1}^{JZ} \sum_{i=1}^{SN} \frac{\rho g Q_{i,j,k}(\theta_{i,j,k}) H_{i,j,k}}{\eta_{z,i,j,k}(\theta_{i,j,k}) \eta_{\text{mot},j,k} \eta_{\text{int},j,k}} \Delta T_i P_i \qquad (6-7)$$

总水量约束：

$$\sum_{k=1}^{BZ} \sum_{j=1}^{JZ} \sum_{i=1}^{SN} Q_{i,j,k}(\theta_{i,j,k}) \cdot \Delta T_i \geqslant W_e \qquad (6-8)$$

功率约束：

$$N_{i,j,k}(\theta_{i,j,k}) \leqslant N_{0,j,k} \qquad (6-9)$$

式中：各变量含义同式（6-1）~式（6-3）。

6.3.3　模型求解方法——大系统二级分解-动态规划聚合求解法

（1）大系统二级分解。

1）第一级分解。将各泵站日抽水量 W_k 设为协调变量，考虑同座泵站内机组型号相同，按机组型号将式（6-7）~式（6-9）分解为 BZ 个子系统群，即泵站多机组叶片全调节运行优化模型式（6-10）~式（6-12）。该模型以泵站日开机运行总耗电费用最小为目标函数，各时段水泵开机的叶片安放角为决策变量，规定时段内的抽水量 W_k 及机组电机额定功率为约束条件。

目标函数：

$$F = \min \sum_{j=1}^{JZ} f_j = \min \sum_{j=1}^{JZ} \sum_{i=1}^{SN} \frac{\rho g Q_{i,j}(\theta_{i,j}) H_{i,j}}{\eta_{z,i,j}(\theta_{i,j}) \eta_{\text{mot},j} \eta_{\text{int},j}} \Delta T_i P_i \qquad (6-10)$$

总水量约束：

$$\sum_{j=1}^{JZ} \sum_{i=1}^{SN} Q_{i,j}(\theta_{i,j}) \Delta T_i \geqslant W_k \qquad (6-11)$$

功率约束：

$$N_{i,j}(\theta_{i,j}) \leqslant N_{0,j} \qquad (6-12)$$

式中：F 为泵站日运行最小电费，元；f_j 为第 j 台水泵机组日运行电费，元；W_k 为第 k 座

泵站日提水总量，万 m³；其他变量含义按以上类推。

2）第二级分解。将各水泵机组日抽水量 W_j 设为协调变量，则式（6-10）~式（6-12）分解为 JZ 个子系统，即单机组叶片全调节运行优化模型式（6-13）~式（6-15）。该模型以单机组开机运行总耗电费用最小为目标函数，各时段水泵开机的叶片安放角（为便于现场操作，取整数角度）为决策变量，规定时段内的抽水量 W_j 为约束条件。

目标函数：

$$f = \min \sum_{i=1}^{SN} s_i = \min \sum_{i=1}^{SN} \frac{\rho g Q_i(\theta_i) H_i}{\eta_{z,i}(\theta_i) \eta_{\text{mot}} \eta_{\text{int}}} \Delta T_i P_i \qquad (6-13)$$

总水量约束：

$$\sum_{i=1}^{SN} Q_i(\theta_i) \Delta T_i \geqslant W_j \qquad (6-14)$$

功率约束：

$$N_i(\theta_i) \leqslant N_0 \qquad (6-15)$$

式中：f 为水泵单机组日运行最小电费，元；s_i 为机组第 i 时段运行电费，元；W_j 为第 j 台机组日提水总量，万 m³；其他变量含义按式（6-10）~式（6-12）变量含义类推。

（2）第二级子系统优化。式（6-13）~式（6-15）为典型的一维动态规划模型，阶段变量为 $i(i=1,2,\cdots,SN)$；决策变量为叶片安放角（θ_i），由式（6-14）可知不同阶段的提水量即为状态变量（λ）。采用动态规划法求解该模型，获得对应于目标配水量 W_j 的 f 值。

对于包含 BZ 座泵站的并联泵站群，考虑各泵站站内 JZ 台机组型号相同且机组无性能差异，而站间机组型号不同，因此每座泵站水泵均有各自的水泵性能曲线。各水泵机组在不同时段的时均扬程下均有一满足功率要求的最大流量对应的叶片角度。以一定步长离散各时段最大叶片角度下运行时的提水总量 $W_{j,\max}$，采用单机组叶片全调节优化运行模型分别计算各水泵单机组对应不同提水量 $W_{j,m}(m=1,2,\cdots,\max)$ 要求下的最小提水费用 $f_{j,m}$。

由于同一泵站内机组型号相同且无性能差异，因此只需进行一组单机组叶片全调节优化运行模型求解，从而整个并联泵站群只需进行 BZ 组单机组叶片全调节优化运行模型求解即可。由此获得一系列 $W_{j,k,m} \sim f_{j,k,m}(W_{j,k,m})$ 关系。

（3）大系统动态规划聚合。由上述各子系统获得一系列 $W_{j,k,m} \sim f_{j,k,m}(W_{j,k,m})$ 关系（$j=1,2,\cdots,JZ;k=1,2,\cdots,BZ;m=1,2,\cdots,\max$），则模型式（6-7）~式（6-9）可转化为如下聚合模型。

目标函数：

$$M = \min \sum_{k=1}^{BZ} \sum_{j=1}^{JZ} f_{j,k}(W_{j,k}) \qquad (6-16)$$

总水量约束：

$$\sum_{k=1}^{BZ} \sum_{j=1}^{JZ} W_{j,k} \geqslant W_e \qquad (6-17)$$

功率约束：

$$N_{i,j,k}(\theta_{i,j,k}) \leqslant N_{0,j,k} \qquad (6-18)$$

将 BZ 座泵站看做一个虚拟泵站，机组台数为 $AZ(AZ = \sum_{k=1}^{BZ} \sum_{j=1}^{JZ} NS_{j,k})$，则聚合模型式（6-16）～式（6-18）同样可作为典型的一维动态规划模型，阶段变量为 $z(z = 1,2,\cdots,AZ)$；决策变量为各机组日提水量 W_z，其离散范围即为单机组优化时的目标水量离散范围 $W_{z,m}(m = 1,2,\cdots,\max)$；由式（6-17）可知泵站各机组提水总量的离散值即为状态变量 λ。采用动态规划法求解该模型，获得满足并联泵站群目标提水总量 W_e 的 M 值，以及对应于 M 的各泵站内各机组最优提水量组合 $W_z^*(z = 1,2,\cdots,AZ)$。

在获得各机组最优提水量组合 $W_z^*(z = 1,2,\cdots,AZ)$ 后，根据单机组优化结果回查可得到各水泵机组的最优开机方式，即各机组各时段最优叶片安放角度 $\theta_{i,z}^*(i = 1,2,\cdots,SN; z = 1,2,\cdots,AZ)$。

大系统二级分解-动态规划求解方法示意见图 6.3-1。

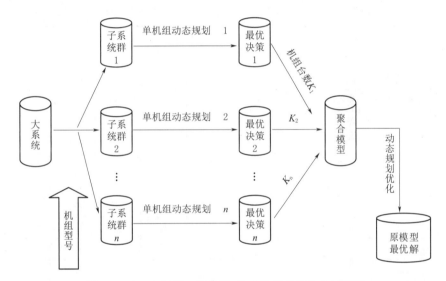

图 6.3-1　大系统二级分解-动态规划求解方法示意图

6.3.4　淮安并联泵站群多机组叶片全调节优化运行分析

淮安站群上、下游均为容积足够大输水河道，日均扬程变幅很小，因此考虑日均扬程不变。在并联泵站群扬程可行域内，分别离散为 3.13m、3.53m、3.93m、4.13m、4.53m、4.93m，6 个日均扬程。各日均扬程下，考虑定角恒速运行时的 100%、80%、60%负荷水量作为并联泵站群优化目标水量，采用大系统二级分解-动态规划聚合方法，分别计算各日均扬程不同水量约束下并联泵站群最小提水费用对应的单位提水费用。

（1）淮安并联泵站群多机组叶片全调节优化运行模型优化结果。由上述模型可得不同日均扬程、不同负荷（100%、80%、60%）、不同峰谷电价时淮安一站、二站、四站多机组组合优化运行方案（如日均扬程 4.13m、80%负荷优化运行方案如表 6.3-2 所列，对应单位提水费用为 79.84 元/万 m³）；不同负荷下优化运行的单位提水费用如图 6.3-2 所示，日均扬程 4.13m 时不同负荷下机组水量最优分配如图 6.3-3 所示。

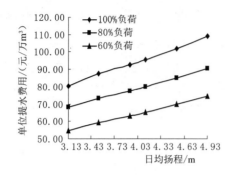

图 6.3-2　不同负荷下优化运行的单位
　　　　　提水费用

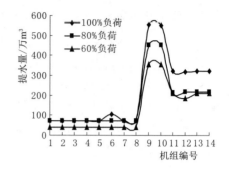

图 6.3-3　日均扬程 4.13m 时不同负荷下
　　　　　机组水量最优分配

表 6.3-2　　考虑峰谷电价 4.13m、80％负荷各扬程下叶片全调节优化运行方案

泵站名称	机组编号	时　段　编　号								
		Ⅰ	Ⅱ	Ⅲ	Ⅳ	Ⅴ	Ⅵ	Ⅶ	Ⅷ	Ⅸ
淮安一站	机组 1	停机	停机	0°	+1.5°	+1.5°	停机	停机	−2°	−2°
	机组 2	停机	停机	0°	+1.5°	+1.5°	停机	停机	−2°	−2°
	机组 3	停机	停机	0°	+1.5°	+1.5°	停机	停机	−2°	−2°
	机组 4	停机	停机	0°	+1.5°	+1.5°	停机	停机	−2°	−2°
	机组 5	停机	停机	0°	+1.5°	+1.5°	停机	停机	−2°	−2°
	机组 6	停机	停机	0°	+1.5°	+1.5°	停机	停机	−2°	−2°
	机组 7	停机	停机	0°	+1.5°	+1.5°	停机	停机	−2°	−2°
	机组 8	停机	停机	0°	+1.5°	+1.5°	停机	停机	−2°	−2°
淮安二站	机组 9	+2°	+2°	+4°	+4°	+4°	停机	停机	+4°	+4°
	机组 10	+2°	+2°	+4°	+4°	+4°	停机	停机	+4°	+4°
淮安四站	机组 11	停机	停机	+2°	+4°	+4°	停机	停机	+1°	+1°
	机组 12	停机	停机	+1°	+4°	+4°	停机	停机	+2°	+4°
	机组 13	停机	停机	+1°	+4°	+4°	停机	停机	+2°	+4°
	机组 14	停机	停机	+1°	+4°	+4°	停机	停机	+2°	+4°

　　（2）淮安并联泵站群多机组叶片全调节优化运行结果讨论。应用大系统二级分解-动态规划聚合法对各日均扬程不同提水负荷要求进行并联泵站群多机组叶片全调节优化计算，对获得的图表进行分析，可以获得以下结果：

　　1）100％、80％、60％负荷下各日均扬程下并联泵站群叶片全调节优化运行平均单位提水费用分别为 94.60 元/万 m³、78.98 元/万 m³、64.37 元/万 m³。

　　2）优化结果表明，泵站运行时停机均在高电价 [0.978 元/(kW·h)] 时段；开机时基本上是高电价对应于小叶片角，低电价对应于大叶片角。且开机时尽量避免在负叶片角度下运行，转而寻求满足水量要求下增加停机时段以节省电费，即优先考虑开机台数的变化，进而对叶片角度进行调整。

3）由图 6.3-3 可知，在进行并联泵站群优化运行时淮安二站水量分配较多，由于淮安二站机组性能较其他站高，可见该优化成果体现了效率优先原则。

4）由于大系统二级分解-动态规划聚合方法首先对单机组叶片全调节优化运行数学模型进行动态规划，再通过聚合模型进行各机组间的水量总体协调，可以获得同一时段内各机组在不同叶片安放角度下的最优运行方式。因此，该方法同样适用于解决不同日均扬程、不同时段划分、水泵不同调节方式下的并联泵站群的优化运行问题。

6.4　淮阴并联站群优化运行方法研究

6.4.1　淮阴并联站群基本情况及不同型号机组性能表达式

淮阴一站、三站属南水北调东线第三梯级泵站。各泵站基本情况如表 6.4-1 所列，淮阴一站机组不同叶片安放角下装置性能曲线拟合方程见表 3.3-11，淮阴三站不同转速下性能曲线方程见式（3-15）。

表 6.4-1　　　　　　　　　　　淮阴一站、三站基本情况表

泵站名称	水泵类型	台数	叶轮直径 /mm	额定转速 /（r/min）	配套电机 功率/kW	额定叶片安放角 /(°)	叶片或转速 调节范围
淮阴一站	立式轴流泵	4	3100	125	2000	0	-4°～+4°
淮阴三站	灯泡贯流泵	4	3140	125	2200	-0.5	75～150r/min

6.4.2　并联泵站群优化运行数学模型

以并联泵站群开机运行总耗电费用最少为目标函数，1d（24h）划分的 SN 个时段为阶段变量，各泵站机组各时段叶片安放角及机组转速为决策变量，规定时段内的并联泵站群抽水量及各机组电机轴功率为约束条件，构建的并联泵站群优化运行数学模型即式（6-1）～式（6-3）。

6.4.3　模型求解方法——大系统二级分解-动态规划聚合法

（1）大系统二级分解。

1）第一级分解。第一级分解是将并联泵站群优化运行问题分解为若干个独立的泵站站内多机组优化运行问题，协调变量为并联泵站群站间的水量分配。即将式（6-1）～式（6-3）分解为 BZ 个泵站多机组优化运行一级子模型式（6-19）～式（6-21）。该模型以泵站开机运行总耗电费用最小为目标函数，各时段水泵开机的叶片安放角（为便于现场操作，取整数角度）及机组转速为决策变量，规定时段内的抽水量 W_k 及机组电机额定功率为约束条件。

目标函数：

$$F = \min \sum_{j=1}^{JZ} f_j = \min \sum_{j=1}^{JZ} \sum_{i=1}^{SN} \frac{\rho g Q_{i,j}(\theta_{i,j}, n_{i,j}) H_{i,j}}{\eta_{z,i,j}(\theta_{i,j}, n_{i,j}) \eta_{\mathrm{mot},j} \eta_{\mathrm{int},j} \eta_{\mathrm{f},j}} \Delta T_i P_i \qquad (6-19)$$

101

总水量约束：

$$\sum_{j=1}^{JZ}\sum_{i=1}^{SN}Q_{i,j}(\theta_{i,j},n_{i,j})\Delta T_i \geqslant W_k \tag{6-20}$$

功率约束：

$$N_{i,j}(\theta_{i,j},n_{i,j}) \leqslant N_{0,j} \tag{6-21}$$

式中：F 为泵站日运行最小电费，元；f_j 为第 j 台水泵机组日运行电费，元；W_k 为第 k 座泵站日提水总量，万 m^3；其他变量含义按以上类推。

2）第二级分解。上述模型式（6-19）～式（6-21）仍为复杂系统模型，采用常规方法求解仍比较困难，为此需进行第二级分解。将泵站站内多机组优化运行问题分解为若干个独立的单机组优化运行问题，协调变量为站内各机组间的提水量分配。即将式（6-19）～式（6-21）分解为 JZ 个单机组日运行优化模型式（6-22）～式（6-24）。该模型以单机组开机运行总耗电费用最小为目标函数，各时段水泵开机的叶片安放角（为便于现场操作，取整数角度）及机组转速为决策变量，规定时段内的抽水量 W_j 及机组电机额定功率为约束条件。

目标函数：

$$f = \min\sum_{i=1}^{SN}s_i = \min\sum_{i=1}^{SN}\frac{\rho g Q_i(\theta_i,n_i)H_i}{\eta_{z,i}(\theta_i,n_i)\eta_{\mathrm{mot}}\eta_{\mathrm{int}}\eta_{\mathrm{f}}}\Delta T_i P_i \tag{6-22}$$

总水量约束：

$$\sum_{i=1}^{SN}Q_i(\theta_i,n_i)\Delta T_i \geqslant W_j \tag{6-23}$$

功率约束：

$$N_i(\theta_i,n_i) \leqslant N_0 \tag{6-24}$$

式中：f 为水泵单机组日运行最小电费，元；s_i 为机组第 i 时段运行电费，元；W_j 为第 j 台机组日提水总量，万 m^3；其余变量含义按式（6-19）～式（6-21）变量含义类推。

（2）第二级子系统优化。对于采用叶片全调节（或变频变速）方式运行的泵站，式（6-19）～式（6-21）中的转速 $n_{i,j}$（或叶片安放角 $\theta_{i,j}$）固定，则其转化为泵站多机组叶片全调节（或变频变速）优化运行模型，对应的二级分解子系式（6-22）～式（6-24）则转化为单机组叶片全调节（或变频变速）优化运行模型。

需要指出的是，机组叶片全调节运行时不需安装变频装置，模型中变频装置效率 η_{f} 可视为 1。

从而式（6-22）～式（6-24）转化为典型的一维动态规划模型，阶段变量为 $i(i=1,2,\cdots,SN)$；决策变量为叶片安放角 θ_i（变频变速运行时为机组转速 n_i），由式（6-23）可知不同阶段的提水量即为状态变量（λ）。采用动态规划法求解该模型，获得对应于目标配水量 W_j 的 f 值。

对于包含 BZ 座泵站的并联泵站群，考虑各泵站站内 JZ 台机组型号相同且机组无性能差异，而站间机组型号不同，因此每座泵站水泵均有各自的水泵性能曲线。各水泵机组在不同时段的时均扬程下均有一满足功率要求的最大流量对应的叶片角度（或机组转速）。以一定步长离散各时段最大叶片角度（或机组转速）下运行时的提水总量 $W_{j,\max}$，采用单机组优化运行模型分别计算各水泵单机组对应不同提水量 $W_{j,m}(m=1,2,\cdots,\max)$ 要求下的最小提水费用 $f_{j,m}$。

考虑同一泵站内机组型号相同且无性能差异，因此只需进行一组单机组优化运行模型求解，从而整个并联泵站群只需进行 BZ 组单机组叶片全调节（或变频变速）优化运行模型求解即可。由此获得一系列 $W_{j,k,m} \sim f_{j,k,m}(W_{j,k,m})$ 关系。

（3）大系统动态规划聚合。由上述各子系统获得一系列 $W_{j,k,m} \sim f_{j,k,m}(W_{j,k,m})$ 关系（ $k=1,2,\cdots,BZ$; $j=1,2,\cdots,JZ$; $m=1,2,\cdots,\max$ ），则原模型式（6-1）～式（6-3）可转化为如下聚合模型。

目标函数：

$$M = \min \sum_{k=1}^{BZ} \sum_{j=1}^{JZ} f_{j,k}(W_{j,k}) \tag{6-25}$$

水量约束：

$$\sum_{k=1}^{BZ} \sum_{j=1}^{JZ} W_{j,k} \geqslant W_e \tag{6-26}$$

功率约束：

$$N_{i,j,k}(\theta_{i,j,k}) \leqslant N_{0,j,k} \tag{6-27}$$

将 BZ 座泵站看做一个虚拟泵站，机组台数为 AZ（ $AZ = \sum_{k=1}^{BZ} \sum_{j=1}^{JZ} NS_{j,k}$ ），则聚合模型式（6-25）～式（6-27）同样可作为典型的一维动态规划模型，阶段变量为 $z(z=1,2,\cdots,AZ)$；决策变量为各机组日提水量 W_z，其离散范围即为单机组优化时的目标水量离散范围 $W_{z,m}(m=1,2,\cdots,\max)$；由式（6-26）可知泵站各机组提水总量的离散值即为状态变量 λ。采用动态规划法求解该模型，获得满足并联泵站群目标提水总量 W_e 的 M 值，以及对应于 M 的各泵站内各机组最优提水量组合 $W_z^*(z=1,2,\cdots,AZ)$。

在获得各机组最优提水量组合 $W_z^*(z=1,2,\cdots,AZ)$ 后，根据单机组优化结果回查可得到各水泵机组的最优开机方式，即各机组各时段最优叶片安放角度 $\theta_{i,z}^*$ 或机组转速 $n_{i,z}^*(i=1,2,\cdots,SN$; $z=1,2,\cdots,AZ)$。

6.4.4 淮阴并联泵站群优化运行分析

淮阴站群上、下游均为容积足够大输水河道，日均扬程变幅很小，因此考虑日均扬程不变。在并联泵站群扬程可行域内，分别离散为 1.5m、1.8m、2.1m、2.4m、2.7m、3.0m、3.3m、3.6m、3.9m、4.2m、4.5m，总计 11 个日均扬程。各日均扬程下，考虑并联泵站群定角恒速运行时的 100%、80%、60% 负荷水量作为优化目标水量，采用大系统二级分解-动态规划聚合法，分别计算各日均扬程不同水量约束下并联泵站群最小提水费用对应的单位提水费用。

（1）淮阴并联泵站群多机组优化运行模型优化结果。由上述模型可得不同日均扬程、不同负荷（100%、80%、60%）、不同峰谷电价时淮阴一站、三站多机组组合优化运行方案（如日均扬程 3.0m、80% 负荷优化运行方案如表 6.4-2 所列，对应单位提水费用为 52.64 元/万 m³）；不同负荷下优化运行的单位提水费用如图 6.4-1 所示，较定角恒速运行单位费用节约百分比如图6.4－2所示。

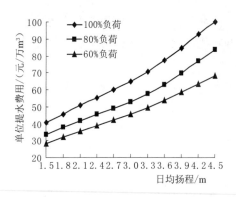

图6.4－1 淮阴并联泵站群日优化运行
单位提水费

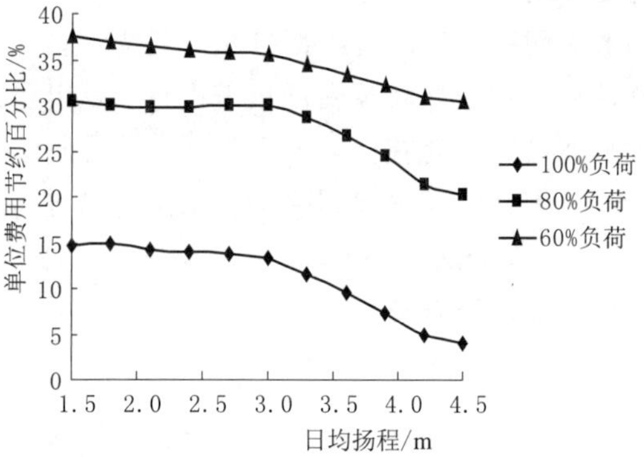

图6.4－2 淮阴并联泵站群日优化运行
较定角恒速运行单位能耗节省

表6.4－2 考虑峰谷电价、80％负荷、日均扬程3.0m时并联泵站群优化运行方案

泵站名称	机组编号	时 段 编 号								
		Ⅰ	Ⅱ	Ⅲ	Ⅳ	Ⅴ	Ⅵ	Ⅶ	Ⅷ	Ⅸ
淮阴一站	机组1	停机	停机	＋4°	＋4°	＋4°	停机	停机	＋4°	＋4°
	机组2	停机	停机	＋4°	＋4°	＋4°	停机	停机	＋4°	＋4°
	机组3	停机	停机	＋4°	＋4°	＋4°	停机	停机	＋4°	＋4°
	机组4	停机	停机	＋4°	＋4°	＋4°	停机	停机	＋4°	＋4°
淮阴三站	机组1	停机	停机	125r/min	140r/min	140r/min	停机	停机	115r/min	115r/min
	机组2	停机	停机	125r/min	140r/min	140r/min	停机	停机	115r/min	125r/min
	机组3	停机	停机	125r/min	140r/min	140r/min	停机	停机	125r/min	125r/min
	机组4	停机	停机	125r/min	140r/min	140r/min	停机	停机	125r/min	125r/min

（2）淮阴并联泵站群多机组优化运行结果讨论。应用大系统二级分解－动态规划聚合法对淮阴并联泵站群各日均扬程不同提水负荷要求进行多机组日优化计算，对获得的图表进行分析，有以下结果：

1）100％、80％、60％负荷下各日均扬程下淮阴并联泵站群优化运行平均单位提水费用分别为67.48元/万 m³、55.50元/万 m³、46.79元/万 m³；平均单位费用节约百分比分别为11.13％、27.41％、34.50％。

2）优化结果表明，机组运行时停机均在高电价时段［0.978元/（kW·h）时段］，只有该电价时段内全部停机时才会出现在0.587元/（kW·h）电价时段；开机时基本上是高电价对应于小叶片角（低转速），低电价对应于大叶片角（高转速）。

3）通过对各日均扬程、不同负荷下优化运行路径进行分析，发现分配在淮阴三站各机组的水量较淮阴一站更为均衡，即各机组在优化运行过程中转速调节比较一致。换句话说，也就是在淮阴一站、三站共同承担提水任务时，优化准则为优先满足效率高的淮阴三站提水目标，进而考虑在淮阴一站内进行优化。

4）由于大系统二级分解-动态规划聚合法首先对单机组优化运行数学模型进行动态规划求解，再通过聚合模型进行各机组间的水量总体协调，可以获得同一时段内各机组在不同叶片安放角度或机组转速下的最优运行方式，因此，该方法可用于解决不同工况调节方式下并联泵站群的优化运行问题。

6.5　小结

（1）在站内单机组、多机组优化理论的基础上，考虑长江潮位、峰谷电价等影响因素，建立复杂并联泵站群系统叶片全调节优化运行（江都站群、淮安站群）、不同工况调节方式并联泵站群优化运行（淮阴站群）数学模型。本章主要阐述了大系统分解-动态规划聚合法、大系统二级分解-动态规划聚合法的基本理论及其在并联泵站群优化运行中的应用，为南水北调东线并联泵站群优化运行方案的选择提供理论依据。

（2）以江都站群多机组叶片全调节优化运行为例，采用大系统分解-动态规划聚合法进行求解，主要研究内容包括：

1）针对并联泵站群叶片全调节优化运行问题，提出了大系统分解-动态规划聚合方法。针对各"虚拟"泵站子系统采用叶片安放角试验选优、机组开机台数线性规划的方法，进行不同提水量下各子系统优化，然后通过大系统动态规划聚合，获得整个并联泵站群优化运行方案，实现了江都站的叶片全调节优化调度过程，为江都站的经济运行提供了依据与参考。

2）通过大系统分解-动态规划聚合法在并联泵站群叶片全调节优化中的应用，验证了该方法的可行性与计算结论的可靠性，为复杂泵站系统优化算法的选择提供参考。

3）通过对江都站叶片全调节优化运行的效果分析，以单位提水费用为指标，在不同日均扬程、不同运行负荷情况下，获得了一整套优化运行方案。

4）大系统分解-动态规划聚合法也适用于站群内不同型号多机组优化运行问题研究，即以站内相同型号机组为同一单元（即子系统）进行站内系统概化与单元重组。该方法既丰富了多决策变量非线性复杂系统优化理论，又为复杂梯级泵站系统变工况优化运行研究奠定了基础。

（3）以淮安一站、二站、四站并联泵站群为例，采用大系统二级分解-动态规划聚合方法，求解并联泵站群叶片全调节优化运行数学模型，主要研究内容包括：

1）大系统二级分解-动态规划聚合求解方法在求解并联泵站群叶片全调节优化运行数学模型时的可行性，提出了大系统第一级分解，一级子系统第二级分解，二级子系统动态规划优化，大系统动态规划聚合求解步骤。该方法以单机组为子系统进行不同提水量下的优化计算，然后将并联泵站群作为一个虚拟泵站进行大系统动态规划聚合，可以获得同一时段下各机组的优化过程，因而该方法适用于不同工况调节方式（叶片全调节与变频变速泵站结合）下的并联泵站群优化运行问题。

2）进行不同日均扬程、不同提水负荷下并联泵站群叶片全调节优化运行计算，提出了一整套优化运行方案。通过将淮安一站、二站、四站并联泵站群叶片全调节优化运行成果与定角恒速运行比较，获得了较好的优化效益。

（4）以淮阴一站、三站并联泵站群为例，采用大系统二级分级-动态规划聚合方法，求解不同工况调节方式下（淮阴一站叶片全调节，淮阴三站变频变速）并联泵站群优化运行效益，获得了不同日均扬程、不同提水负荷下淮阴并联泵站群多机组优化运行方案；通过将淮阴一站、三站并联泵站群多机组优化运行成果与定角恒速运行比较，获得了较好的优化效益。

（5）并联泵站群优化运行大系统分解-动态规划聚合法与大系统二级分解-动态规划聚合法比较：2 种方法均可求解并联泵站群内不同工况调节方式泵站的优化运行问题，各自的优、缺点在于：

1）分解-动态规划聚合法是以同型号"虚拟"泵站为子系统，采用叶片安放角试验选优、开机台数线性规划的方法进行子系统优化，因而决策变量为叶片安放角与开机台数，即同一时段内叶片安放角相同，从工程管理角度较为方便，但优化效益稍差。

2）大系统二级分解-动态规划聚合法是以并联泵站群各单机组为子系统，采用动态规划法确定不同提水量下子系统优化运行方案，进而以并联站群作为大系统，进行动态规划聚合，获得并联泵站群目标提水量下各机组的优化运行过程，因而决策变量为叶片安放角，即同一时段内机组叶片安放角可以不同，从节能效益上讲，优化效果更为显著，但在实际工程管理与操作中复杂性较高。

第**7**章

▶ 梯级泵站群优化运行方法研究

7.1 梯级泵站群概述

梯级泵站群，是指在一个输水区间内，为满足一定系统扬程下向区间外的调水任务，由分布于级间不同位置联合运行的若干泵站（或泵站群）组成的串联泵站群系统。该系统的提水任务包含向级间外供水量要求，以及级间内各受水区的用水量要求；各级泵站（群）的提水扬程之和应满足梯级泵站群系统提水总扬程。

梯级泵站群作为长距离跨流域水资源配置的重要工程措施，在解决水资源时空分布不均上发挥重要作用，具有多目标性和综合效益。一方面，作为梯级输水系统的基本载体，梯级泵站群在提水过程中能耗巨大，其经济运行研究势在必行；另一方面，在梯级提水系统中，各级泵站（群）之间水力联系密切，泵站（群）间流量、水位互相影响，制约整个调水系统优化运行；此外，级间输水河道受沿线工农业用水、船闸、生态等不同类型用水户用水过程影响，梯级泵站群优化运行还应满足防洪排涝、航运、生态等水位综合要求，以达到系统运行时经济、社会和生态效益的有机统一。

梯级泵站群的优化运行，既要考虑到各级泵站内的机组优化运行，还要考虑到站与站之间水力要素的优化组合，在多级泵站群的优化调度中，级间的合理调配是与站内的机组优化相互联系和影响的，系统优化必须同时考虑这两方面的因素。

对于梯级泵站群系统，其优化运行应遵循以下原则：

（1）系统联合运行经济性原则：梯级泵站群内各级泵站（群）联合运行时能耗尽可能小。

（2）水位-扬程优化衔接原则：级间河道上、下游水位变化满足泵站运行经济扬程要求，即各级泵站优化运行扬程既能有效降低运行能耗，又能与优化扬程对应的进、出水池水位有效衔接。

（3）满足级间输水河道水位综合要求原则：输水河道水位不超出河道防洪水位要求，满足沿线工业、农业、船闸、生态等用水户取水水位要求。

梯级泵站群系统概化如图 7.1-1 所示，该系统包含 n 个并联泵站群。各级并联站群提水负荷可由末级站群逆序递推，第 n 级站群的提水负荷即为该梯级泵站群系统需向

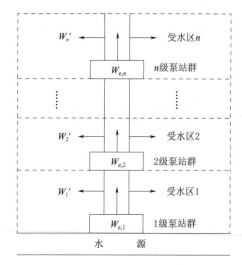

图 7.1-1　梯级泵站群系统概化图

梯级外受水区提供的目标提水量 $W_{e,n}$；第 $n-1$ 级站群的提水负荷 $W_{e,n-1}$ 为第 n 级站群提水负荷 $W_{e,n}$ 及受水区 $n-1$ 的区间用水 W'_{n-1} 两部分之和；以此类推，可获得各级并联泵站群目标提水量。

其中，对于各用水区间内的用水类型，通常可概化为农业用水户、工业用水户、生活用水户、生态环境用水户及船闸用水户五大类。针对每类用水户统计取水口个数，确定每个取水口用水规模。与此同时，受输水河道的坡降、糙率等几何因素，以及梯级间用水户用水过程的影响，梯级泵站群系统稳态运行时输水渠道水位变化趋势如图 7.1-2 所示。

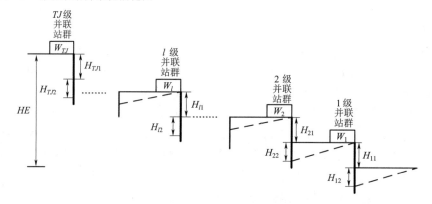

图 7.1-2　梯级泵站群系统稳态运行时输水渠道水位变化趋势

7.2　梯级泵站群优化运行方法

7.2.1　数学模型构建

开展梯级泵站群优化运行研究的核心是，在并联泵站群优化运行基础上，实现梯级泵站群的运行扬程优化。通过建立针对级间输水河道的一维非恒定流模型，来模拟不同并联站群不同优化运行方案时的级间水位变幅，通过模拟计算上、下梯级不同开机响应时间对扬程的影响、对应提水任务下梯级泵站群运行费用、运行期间的水位过程等，对方案进行综合评价、选优。

对于 TJ 级泵站群，以梯级泵站群系统日提水耗电费用最小为目标函数，1d 划分的若干时段为阶段变量，各级泵站群各机组各时段叶片安放角、机组转速及运行扬程为决策变量，规定时段内的各级并联泵站群提水总量、各机组电机额定功率以及梯级泵站群提水总扬程为约束条件，构建如下梯级泵站群优化运行数学模型。

目标函数：

$$R = \min \sum_{l=1}^{TJ} M_l$$

$$= \min \sum_{l=1}^{TJ} \sum_{k=1}^{BZ} \sum_{j=1}^{JZ} \sum_{i=1}^{SN} \frac{\rho g Q_{i,j,k,l}(\theta_{i,j,k,l}, n_{i,j,k,l}) H_{i,j,k,l}}{\eta_{z,i,j,k,l}(\theta_{i,j,k,l}, n_{i,j,k,l}) \eta_{\text{mot},j,k,l} \eta_{\text{int},j,k,l} \eta_{f,j,k,l}} \cdot \Delta T_i P_i \qquad (7-1)$$

第 l 级并联泵站总水量约束：

$$\sum_{k=1}^{BZ} \sum_{j=1}^{JZ} \sum_{i=1}^{SN} Q_{i,j,k,l}(\theta_{i,j,k,l}, n_{i,j,k,l}) \Delta T_i \geqslant W_{e,l} \qquad (7-2)$$

功率约束：

$$N_{i,j,k,l}(\theta_{i,j,k,l}, n_{i,j,k,l}) \leqslant N_{0,j,k,l} \qquad (7-3)$$

梯级提水总扬程约束：

$$\sum_{l=1}^{TJ} H_l = HE \qquad (7-4)$$

式中：R 为梯级泵站群最小运行耗电费用，元；TJ 为梯级泵站群包含的级数，级；M_l 为第 l 级并联泵站群运行耗电费用，元；$W_{e,l}$ 为第 l 级并联泵站群提水总量，万 m^3；HE 为整个梯级调水系统提水总扬程，m；其余变量含义可按式（6-1）～式（6-3）各变量含义类推。

7.2.2 模型相关参数设定

（1）泵站群优化运行参数设定。

1）各级并联泵站群机组性能曲线特性方程。针对特定的梯级泵站群系统内各机组，根据水泵装置模型试验或现场实测资料，收集各型号机组不同叶片安放角、转速下的流量-扬程（$Q-H$）、流量-效率（$Q-\eta$）关系曲线，拟合回归方程，确定方程系数。

2）时段划分与峰谷电价组合。确定梯级泵站群系统联合优化运行时时段划分数、各时段长度及其对应的时段峰谷电价。

3）确定各级并联泵站群提水负荷。结合图 7.1-1，各级并联站群提水负荷可由末级站群逆序递推，第 n 级站群的提水负荷即为该梯级泵站群系统需向梯级外受水区提供的目标提水量 $W_{e,n}$；第 $n-1$ 级站群的提水负荷 $W_{e,n-1}$ 为第 n 级站群提水负荷 $W_{e,n}$ 及受水区 $n-1$ 的区间用水 W_{n-1} 两部分之和；以此类推，可获得各级并联泵站群目标提水量。

4）确定各机组电机额定功率要求。收集各泵站配套电机功率参数，以此确定机组优化运行时叶片安放角、机组转速可行离散域。

5）明确泵装置效率取值范围。根据机组装置性能特性曲线方程，选取效率有效取值范围，尽可能使机组在高效区优化运行。

（2）级间输水河道非恒定流数值模拟参数设定。

1）级间输水河道初始水位、纵横断面参数。收集输水河道断面资料，确定河段划分数、河段长度、河底宽度、河底高程、边坡系数、河床糙率等参数。

2）级间输水河道沿线各类型用水户用水过程及规模概化。对输水河道沿线工业、农业、船闸、生态等不同类型用水户进行概化，确定用水户位置、输水期用水过程，以此作为河道非恒定流数值模拟边界条件之一。

　　a. 农业用水户：灌区和非灌区，登记在册的大中型灌区不需概化，一个灌区作为一个农业用水户。对于非灌区农业用水户，根据区域灌排特点、水源等条件划分为若干个受水区，一个受水区（类似一个灌区）作为一个用水户。

　　b. 工业用水户：工业用水户按行政分区和水源进行概化，一个县（区）在多条干线上取水，则概化成多个用水户，在一条干线上取水则概化成一个用水户。

　　c. 生活用水户：生活用水户概化方法同工业用水户，按行政区概化。

　　d. 生态环境用水户：生态环境用水主要体现在两个方面：一方面是城镇绿化用水，这部分水一般是自来水厂集中供水，已统计在生活用水中（但水量是分别统计的）；另一方面体现在城区河道冲污水量，这部分水量根据河道断面尺寸、水位估算，根据各市县具体情况，按行政区概化。

　　e. 船闸用水户：不需概化，分别一一列出。

　　3）输水河道水位要求。确定输水河道防洪水位、通航水位、生态水位要求，要求通过非恒定流数值模拟，在梯级泵站群优化运行过程中，级间输水河道水位变化能满足以上各项水位要求。

　　4）输水河道上、下游边界流量过程。输水河道上、下游边界流量过程，即为河道上、下游泵站优化入（出）流过程，此为输水河道非恒定流边界条件之一，需由梯级泵站群优化运行数学模型分解后求解并联泵站群优化运行子模型获得，是开展多方案综合比选的重要环节。

7.2.3　梯级泵站群优化运行总体思路

　　（1）模型分解。梯级泵站群级数多，每一级泵站群通常又为包含多个泵站的并联泵站群，规模庞大。因此，可首先将原模型分解为若干个并联泵站群优化运行子系统。

　　（2）子模型求解。采用第 6 章所述方法，可获得各并联泵站群不同扬程及提水负荷要求下，最小提水费用及对应的各泵站机组优化运行叶片安放角（或机组转速）。

　　（3）考虑河道防洪排涝、工农业用水、通航、生态等水位要求的输水河道非恒定流模拟研究。

　　针对跨流域调水工程输水系统，由于通航水位一般较河道生态水位要高，满足通航水位即可满足生态水位要求，因此其水位要求主要位于通航水位和防洪水位（最高水位）之间。以级间输水河道为研究对象，考虑梯级泵站群系统总扬程及目标提水量约束，确定适宜的扬程分配值，并将对应的各子系统模型优化出流过程作为边界条件，结合河道沿线不同类型用水户用水规模概化成果，以及河道沿线节制闸口门开度方案，综合考虑河道防洪排涝、工农业用水、通航及生态水位等要求，开展输水河道非恒定流模拟，考察河道上下游边界、河道沿线水位变化。

　　（4）考虑扬程-水位优化衔接及输水河道水位要求的子模型优化方案综合比选。通过考察河道沿线用水户用水要求，以及河道防洪、通航、生态等水位综合要求，从泵站优化运行经济性、河道水位变化、水位-扬程衔接等方面开展各并联泵站群优化运行方案综合比选，以此获得各泵站机组优化运行方案，实现梯级泵站群系统优化运行的经济、社会和生态效益有效统一。

梯级泵站群优化运行方法原理如图 7.2-1 所示。

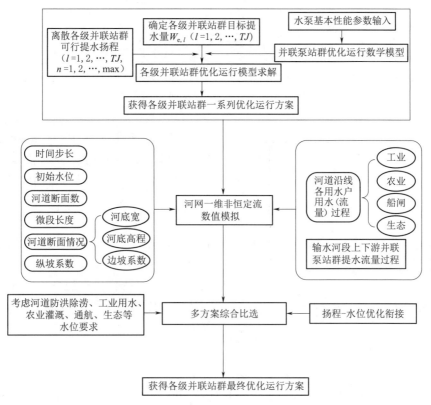

图 7.2-1 梯级泵站群优化运行方法原理图

7.3 级间输水系统非恒定流数值模拟

在获得各级并联泵站群不同离散扬程对应的泵站群机组优化运行方案后，在梯级泵站群联合优化运行时，由于各泵站出流过程与各级并联泵站群上、下游水位发生相互作用，影响既定扬程，因此，有必要将输水河道作为研究对象，将河道上、下游边界泵站入（出）流过程作为边界条件，同时考虑河道沿线用水户位置、用水过程、河道断面参数、初始水位等因素，开展级间输水河道非恒定流数值模拟研究。

开展级间输水系统模拟研究，可以在给定初始条件及各边界条件情况下，实时模拟输水河道各典型断面的水位、流量变化情况，为梯级泵站群优化运行时级间输水河道的水位、流量控制提供数据支撑，从而为泵站优化运行工况调节提供技术支持，同时可供农业、工业、生活、生态、船闸五大用水户确定合适的取用水方案。

7.3.1 南水北调东线江苏境内输水系统模拟方法

南水北调东线江苏境内输水系统为天然河道输水，属一维明渠非恒定流。采用一维非恒定流模型求解。

（1）一维明渠非恒定流模型。

$$B \frac{\partial Z}{\partial t} + \frac{\partial Q}{\partial s} = q \qquad (7-5)$$

$$\frac{\partial Q}{\partial t} + \frac{2Q}{A} \frac{\partial Q}{\partial s} + \left[gA - B \left(\frac{Q}{A} \right)^2 \right] \frac{\partial Z}{\partial s} = \left(\frac{Q}{A} \right)^2 \left. \frac{\partial A}{\partial s} \right|_z - g \frac{Q|Q|}{AC^2 R} \qquad (7-6)$$

式中：Z 为水位；Q 为流量；B 为水面宽度；A 为过水断面面积；R 为水力半径；C 为谢才系数；q 为单位长度河道的旁侧入流量；t 和 s 分别为时间和空间坐标。

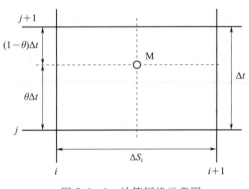

图 7.3-1　计算网格示意图

（2）模型求解方法。

1）差分方程。采用 Preissmann 隐格式建立差分方程。此格式的计算网格示意图如图 7.3-1 所示，在每一个结点上同时求出流量和水位。

2）差分方程的求解。对于划分有 N 个断面的河道，有 $N-1$ 个河段，共可写出 2（$N-1$）个代数方程，加上上游、下游边界条件，形成阶数为 $2N$ 的代数方程组，可以解出 N 个断面处的水位 Z 和流量 Q。此方程组常用追赶法求解。

3）内边界处理。

a. 河道汇合点。图 7.3-2 为二河道的汇合点示意图，汇合点 P 对 A 和 B 两河道而言是下游边界，对 C 河道而言是上游边界，根据 P 点的水量平衡和水位连续，应有：$Q_{PC} = Q_{PA} + Q_{PB}$、$Z_{PA} = Z_{PB} = Z_{PC}$。

b. 集中旁侧入流。如果支流比较陡，支流的出流量不受干流的顶托影响，或断面处有较大的排水站、抽水站等，可作为旁侧入流的内边界来处理，如图 7.3-3 所示。旁侧入流内边界应满足：$Q_{i+1}^{j+1} = Q_i^{j+1} + Q_集^{j+1}$、$Z_{i+1}^{j+1} = Z_i^{j+1}$。

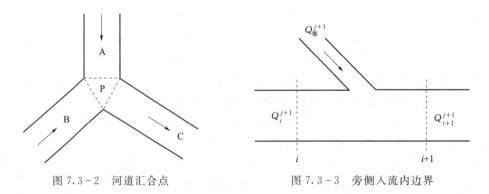

图 7.3-2　河道汇合点　　　　　　图 7.3-3　旁侧入流内边界

7.3.2　淮安—淮阴段苏北灌溉总渠输水河道一维非恒定流模拟

（1）主要河道基本资料。以南水北调东线江苏境内淮安泵站群至淮阴泵站群间输水河道为模拟对象，主要涉及输水河道如图 7.3-4 所示，基本资料见表 7.3-1。

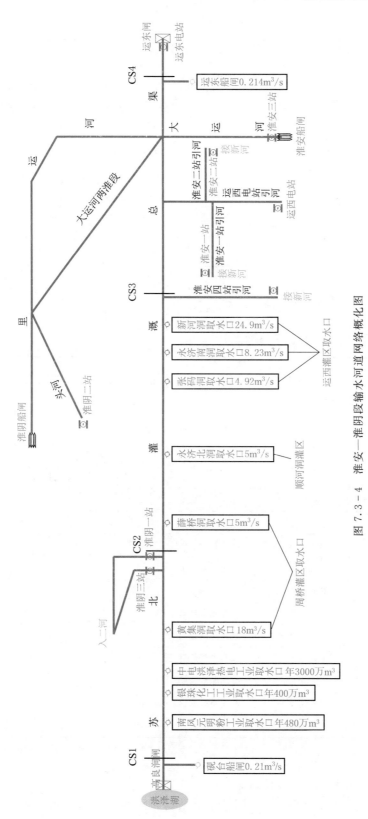

图 7.3-4 淮安—淮阴段输水河道网络概化图

表 7.3 - 1　　　　　　　　　　　　　河 道 基 本 资 料

序　号	河道名称	河道长度/m	底宽/m	河底高程/m	边　坡
1	苏北灌溉总渠	38100	150	3.0~5.0	2.5
2	砚台船闸输水河道	500	20	4.97	2.5
3	淮阴一站站下河道	650	20	4.38	2.5
4	淮阴三站站下河道	630	20	4.38	2.5
5	淮安四站站上河道	303	20	3.09	2.5
6	运西电站站上河道	800	20	3.08	2.5
7	淮安一站站上河道	350	20	3.08	2.5
8	淮安二站站上河道	300	20	3.08	2.5
9	里运河	27925	65	3.0~5.0	2.5
10	京杭运河	1500	80	3	2.5
11	运东船闸输水河道	250	20	3.02	2.5
12	京杭运河两淮段	22100	80	3.0~5.0	2.5
13	头河	2375	50	4.93	2.5

（2）级间输水河道沿线用水户用水情况。淮安—淮阴级间苏北灌溉总渠沿线用水户用水量统计汇总见表 7.3 - 2。

表 7.3 - 2　　　　　　　　　　　用水户用水量统计汇总表

名　称	类　型	取水河道	取水规模 流量/(m³/s)	取水规模 年用水量/万 m³	备　注
黄集洞取水口	农业用水户	苏北灌溉总渠	18.0		周桥灌区
薛桥洞取水口	农业用水户	苏北灌溉总渠	5.0		周桥灌区
永济北洞取水口	农业用水户	苏北灌溉总渠	5.0		顺河洞灌区
永济南洞取水口	农业用水户	苏北灌溉总渠	8.23		运西灌区
张码洞取水口	农业用水户	苏北灌溉总渠	4.92		运西灌区
新河洞取水口	农业用水户	苏北灌溉总渠	24.9		运西灌区
南风元明粉工业取水口	工业用水户	苏北灌溉总渠		480	
银珠化工工业区雨水口	工业用水户	苏北灌溉总渠		400	
中电洪泽热电工业取水口	工业用水户	苏北灌溉总渠		3000	
砚台船闸取水口	船闸用水户	苏北灌溉总渠	0.21		
运东船闸取水口	船闸用水户	苏北灌溉总渠	0.214		

（3）初始条件及边界条件设定。

1）初始条件：给定不同河道初始水位。

2）边界条件：开启淮安四站，关闭其余泵站；关闭淮阴船闸、淮安船闸、高良涧闸及运东闸，则淮安四站站上为流量过程边界，淮安一站、二站、三站站上，淮阴一站、二站、三站站下，淮阴船闸，淮安船闸，高良涧闸和运东闸为0流量边界。

（4）方案选定。

1）方案1：河道初始水位9.5m计，考虑级间苏北灌溉总渠沿线工业用水户用水时段为0～12h，农业用水户用水时段为12～24h，船闸用水户每隔3h取水1次，取水时长3h，各用水户用水规模见表7.3-2。在此情况下，假设已知淮安各站站下水位，优先考虑开启淮安四站，流量45m³/s，其余泵站关闭，以此模拟河道典型断面水位过程。

2）方案2：河道初始水位9.2m计，考虑级间苏北灌溉总渠沿线农业用水户用水时段为0～12h，工业用水户用水时段为12～24h，船闸用水户每隔2h取水1次，取水时长4h，各用水户用水规模见表7.3-2。在此情况下，假设已知淮安各站站下水位，优先考虑开启淮安四站，流量45m³/s，其余泵站关闭，以此模拟河道典型断面水位过程。

计算时，规划区河段划分不超过800m，时间步长6min，计算历时24h。

（5）求解结果。图7.3-4中标出了4个典型断面位置（CS1～CS4），方案1河道典型断面水位过程如图7.3-5所示，可见用水户取水河道水位变化呈先下降后上升的趋势，24h后水位平均上升0.03m，淮安站群补水量可基本恢复河道初始运行水位9.5m；方案2河道典型断面水位过程如图7.3-6所示，可见用水户取水河道水位变化呈先上升后下降的趋势，24h后水位平均下降0.04m，淮安站群补水量可基本恢复河道初始运行水位9.2m。不同方案下各输水河道最高水位、最低水位统计见表7.3-3，可见方案1用水户取水河道平均水位变幅0.13m，方案2用水户取水河道平均水位变幅0.18m。

表7.3-3　　　　　　　　　输水河道最高、最低水位统计　　　　　　　单位：m

序　号	河道名称	方案1		方案2	
		最高水位	最低水位	最高水位	最低水位
1	苏北灌溉总渠	9.54	9.41	9.32	9.14
2	砚台船闸引河	9.54	9.41	9.32	9.14
3	淮阴一站站下河道	9.53	9.42	9.32	9.15
4	淮阴三站站下河道	9.53	9.42	9.32	9.15
5	淮安四站站上河道	9.53	9.43	9.32	9.18
6	运西电站站上河道	9.52	9.43	9.32	9.19
7	淮安一站站上河道	9.52	9.43	9.32	9.19
8	淮安二站站上河道	9.52	9.43	9.32	9.19
9	里运河	9.53	9.42	9.33	9.19
10	京杭运河	9.52	9.43	9.32	9.19
11	运东船闸引河	9.52	9.43	9.32	9.19
12	大运河两淮段	9.53	9.42	9.33	9.19
13	头河	9.53	9.42	9.33	9.20

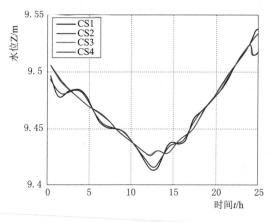

图 7.3 - 5 方案 1 苏北灌溉总渠典型断面
水位过程

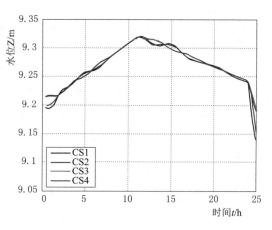

图 7.3 - 6 方案 2 苏北灌溉总渠典型断面
水位过程

7.4 给定各级并联泵站群初始扬程及提水负荷时梯级泵站群优化运行方法

7.4.1 基于泵站延时开机策略的梯级泵站群优化运行方法

（1）梯级泵站群优化运行思路及方法。现以二级提水泵站群为研究对象，既包含两个"级点"，又纳入级间输水河道，可看作梯级泵站群系统的一个输水单元，优化成果可推广到多级泵站群。该二级泵站群优化运行研究思路如下：

1）以每一级并联泵站群为对象，考虑日均扬程不变，采用大系统二级分解-动态规划聚合方法分别进行不同日均扬程、不同提水负荷下的并联泵站群优化运行计算，获得两并联泵站群各自的一整套优化运行方案，即对应于提水负荷与提水扬程的各时段、各泵站的开机台数、开机水泵的叶片角与机组转速，以及对应于最小的泵站群运行费用，详见第 6 章所述。

2）当调水任务已定，即第 l 级站群（$l=2$）抽水量给定（$W_{e,l}$），假设开机时刻扬程为第 2 级并联泵站群的日均扬程（即：已知站上水位，假设站下水位），则可由步骤 1）获第 2 级并联泵站群优化运行方案与对应的运行费用，及其对应的 1d 24h 提水流量过程。

3）已知第 2 级并联泵站群初始优化运行方案对应的 1d 24h 提水流量过程，若给定 1d 24h 输水渠道沿线用水户引水过程，由此可推算泵站群 1 的提水负荷；假设泵站 1d 均扬程（即假设日均站上水位），则由一维非恒定流模型模拟第 1 级并联泵站群不同开机时刻（考虑 6 种方案，即：泵站群 2 提前 2h、1h，泵站群 2 与泵站群 1 同时开机，泵站群 2 推迟 1h、2h、3h；记为：-2h、-1h、0、1h、2h、3h）的站上 24h 水位过程，由此计算第 1 级并联泵站群站上平均水位；由步骤 1）获得并联泵站群 1 的对应 6 种开机时刻的优化运行方案及其对应运行费用。若一维非恒定流模拟的 1d 24h 提水过程中各时段的并联泵站群 1 站上平均水位与假设不符，应重新假定并模拟计算，使之基本一致。

4）以输水渠道典型断面 24h 水位变化情况（日均水位变幅情况，是否影响输水渠道水位的生态、灌溉、通航、防洪等水位要求，以及初始假设水位与调度运行时的水位变幅差距）、并联泵站群初始假定条件（第 2 级并联泵站群初始假设的日均扬程）是否合理，及其对应 6 种运行方案的运行费用进行综合比较、优选。

5）调整初始假设条件（假设第 2 级并联泵站群运行初始时刻扬程为站群 2 日均扬程），重复上述步骤，采用步骤 4）对方案进行综合比选。由此获得一定调水任务下的梯级泵站群优化运行方案。

梯级泵站群优化运行总体思路如图 7.4-1 所示。

（2）模型分解。将模型式（7-1）～式（7-4）分解为 TJ 个并联泵站群多工况联合调度优化运行模型，如式（7-7）～式（7-9）所示。

目标函数：

$$M = \min \sum_{k=1}^{BZ} F_k = \min \sum_{k=1}^{BZ} \sum_{j=1}^{JZ} \sum_{i=1}^{SN} \frac{\rho g Q_{i,j,k}(\theta_{i,j,k}, n_{i,j,k}) H_{i,j,k}}{\eta_{z,i,j,k}(\theta_{i,j,k}, n_{i,j,k}) \eta_{\text{mot},j,k} \eta_{\text{int},j,k} \eta_{\text{f},j,k}} \Delta T_i P_i \quad (7-7)$$

总水量约束：

$$\sum_{k=1}^{BZ} \sum_{j=1}^{JZ} \sum_{i=1}^{SN} Q_{i,j,k}(\theta_{i,j,k}, n_{i,j,k}) \Delta T_i \geqslant W_{e,l} \quad (7-8)$$

功率约束：

$$N_{i,j,k}(\theta_{i,j,k}, n_{i,j,k}) \leqslant N_{0,j,k} \quad (7-9)$$

式中：M 为并联泵站群 1d 最小提水耗电费用，元；F_k 为该并联泵站群第 k 座泵站 1d 提水耗电费用，元；$W_{e,l}$ 为第 l 级并联泵站群提水总量，万 m^3；其余变量含义同式（6-1）～式（6-3）。

（3）求解过程。

1）不同日均扬程、不同提水负荷下并联泵站群日优化运行模型求解。对于大型调水工程，"级点"并联泵站群的特点是各站进出水池（渠）通常为共用，各站提水扬程也基本相同。因此，参照 6.4.3 节，运用并联泵站群优化运行数学模型，采用大系统二级分解-动态规划聚合方法，分别求解在不同日均扬程、不同提水负荷（如 100％负荷、80％负荷、60％负荷、……）下站群优化运行结果。以此作为河网数值模拟的边界条件供一维非恒定流模型选择调用。

2）区间用水户概化及用水户水量确定。在获得各并联泵站群不同提水负荷下日优化运行结果后，还需确定区间用水量。由图 7.1-1 可知，第 1 级站群的提水负荷 $W_{e,1}$ 为第 2 级站群提水负荷 $W_{e,2}$ 及受水区 1 的区间用水 W_1' 两部分之和，以此类推。河道用水户概化为农业用水户、工业用水户、生活用水户、生态环境用水户及船闸用水户五大类。针对每类用水户统计取水口个数，确定每个取水口用水规模。

3）各级泵站群提水负荷确定。在第 2 级泵站群提水负荷确定情况下，计入区间用水量，确定第 1 级泵站的提水负荷。由于之前已获得并联泵站群不同日均扬程、不同提水负荷（100％负荷、80％负荷、60％负荷、……）下的日优化运行结果。因此，可从中选取最接近的提水负荷组合，作为第 1 级泵站群和第 2 级泵站群的运行负荷。不同日均扬程下泵站提水负荷确定如图 7.4-2 所示。

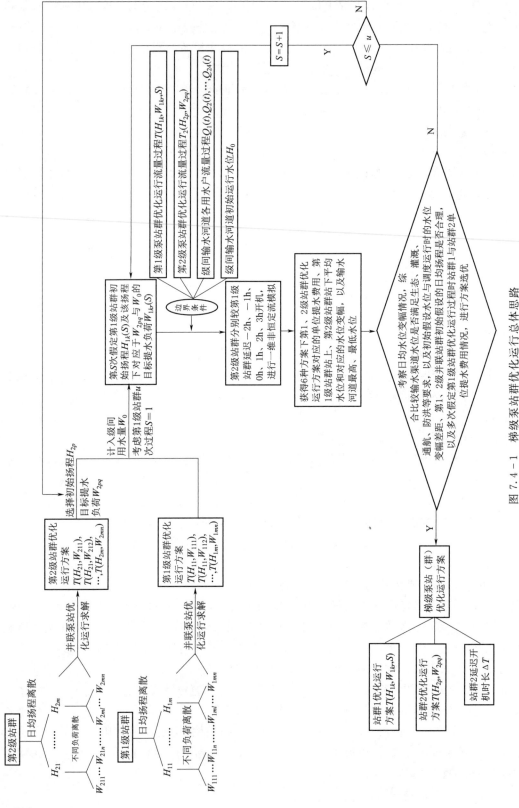

图 7.4-1 梯级泵站群优化运行总体思路

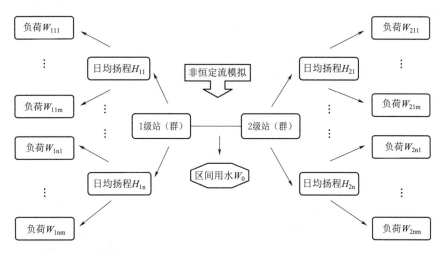

图 7.4 - 2 不同日均扬程下泵站提水负荷确定

4）区间河道非恒定流模拟。

a. 区间河道非恒定流模拟的目的。由于泵站扬程同站上、下游水位相关，而水位过程又受制于泵站出流过程，双方联系密切。因此，进行级间河道非恒定流模拟的目的是：在延时开机后使各级泵站群初始扬程同运行过程中的日均扬程相匹配，这一点需要通过一维非恒定流模拟来实现。在满足输水渠道生态、灌溉、通航、防洪等水位综合要求，以及符合初始假设水位与调度运行时的水位变幅差距要求下，将各并联泵站群的优化运行方案及两级泵站群延时运行时间作为整个梯级泵站群的优化运行方案。

b. 一维非恒定流模型求解方法。一维非恒定流模型求解方法详见第 7.3 节所述。

（4）淮安—淮阴段梯级泵站群优化运行。

1）基本情况。淮安一站、二站、四站属南水北调东线第二梯级泵站，淮阴一站、三站属南水北调东线第三梯级泵站。各泵站基本情况见表 6.3 - 1、表 6.4 - 1。

南水北调东线江苏省境内，由于淮安一站、二站、四站并排布置，考虑到泵站上、下游水位相差不大，以此作为第 1 级泵站群；同样，以淮阴一站、三站作为第 2 级泵站群。苏北灌溉总渠等为主要级间输水河道，考虑输水河道沿线工业、农业、船闸、生态等类型用水户，由此构成一个两级输水系统，系统概化如图 7.3 - 4 所示。其中，淮安枢纽工程位置如图 7.4 - 3 所示。

2）梯级泵站群水泵性能曲线方程确定。根据淮安一站、二站、四站及淮阴一站、三站装置性能特性进行数据拟合，得到各泵站装置性能曲线方程。其中，淮安一站、二站、四站装置性能曲线方程见表 3.3 - 6～表 3.3 - 8，淮阴一站、三站装置性能曲线方程分别见表 3.3 - 11 和式（3 - 15）。

3）并联泵站群日运行负荷确定。根据淮安一站、二站、四站及淮阴一站、三站装置性能，按照泵站 100%、80%、60% 负荷定义，分别确定各站在不同日均扬程下的运行负荷，见表 7.4 - 1 和表 7.4 - 2。

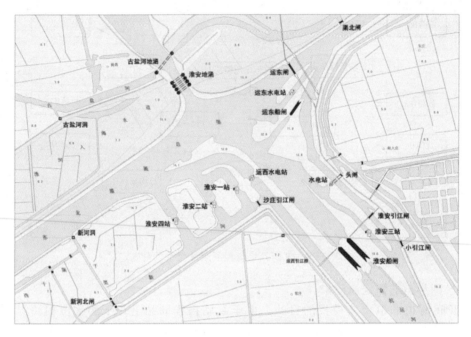

图 7.4 - 3 淮安枢纽工程位置

表 7.4 - 1　　　　　　　　　不同日均扬程下淮安泵站群负荷确定

日均扬程/m	负荷	淮安一站水量/m³	淮安二站水量/m³	淮安四站水量/m³	合计/m³
	100%	9350259	9643788	9466119	28460166
3.13	80%	7480207	7715030	7572896	22768133
	60%	5610155	5786273	5679672	17076100
	100%	9174802	9450315	9212287	27837405
3.53	80%	7339842	7560252	7369830	22269924
	60%	5504881	5670189	5527372	16702443
	100%	8992861	9252647	8944367	27189874
3.93	80%	7194288	7402117	7155494	21751899
	60%	5395716	5551588	5366620	16313925
	100%	8899221	9152151	8804330	26855702
4.13	80%	7119377	7321721	7043464	21484561
	60%	5339532	5491291	5282598	16113421
	100%	8706043	8947644	8510042	26163729
4.53	80%	6964834	7158115	6808034	20930983
	60%	5223626	5368586	5106025	15698237
	100%	8504103	8738162	8193121	25435386
4.93	80%	6803282	6990530	6554497	20348309
	60%	5102462	5242897	4915873	15261232

表 7.4-2   不同日均扬程下淮阴泵站群负荷确定

日均扬程/m	负荷	淮阴一站水量/m³	淮阴三站/m³	合计/m³
1.50	100%	12625261	10927624	23552885
	80%	10100209	8742099	18842308
	60%	7575157	6556574	14131731
1.80	100%	12445074	10722665	23167739
	80%	9956059	8578132	18534192
	60%	7467045	6433599	13900644
2.10	100%	12260158	10511196	22771355
	80%	9808127	8408957	18217084
	60%	7356095	6306718	13662813
2.40	100%	12070120	10292555	22362674
	80%	9656096	8234044	17890139
	60%	7242072	6175533	13417605
2.70	100%	11874508	10065956	21940464
	80%	9499606	8052765	17552371
	60%	7124705	6039574	13164278
3.00	100%	11672801	9830464	21503265
	80%	9338241	7864371	17202612
	60%	7003681	5898278	12901959
3.30	100%	11464393	9584940	21049332
	80%	9171514	7667952	16839466
	60%	6878636	5750964	12629599
3.60	100%	11248566	9327981	20576547
	80%	8998853	7462385	16461237
	60%	6749139	5596788	12345928
3.90	100%	11024467	9057823	20082290
	80%	8819573	7246259	16065832
	60%	6614680	5434694	12049374
4.20	100%	10791065	8772197	19563262
	80%	8632852	7017757	15650609
	60%	6474639	5263318	11737957
4.50	100%	10547095	8468094	19015189
	80%	8437676	6774475	15212151
	60%	6328257	5080856	11409114

4）级间输水河道及用水户资料整理。进行级间输水河道模拟所涉及的河道概况见表 7.3-1，淮安—淮阴级间苏北灌溉总渠沿线用水户概化成果见表 7.3-2。概化后级间河道

用水户日用水总量 643.5 万 m³。同时，关闭淮安泵站群至淮阴二站和淮阴船闸间里运河及大运河两淮段沿线用水户口门。

5）淮安—淮阴梯级泵站群优化运行过程。

a. 假设淮阴站群日均扬程 4.2m，以该扬程下 80％负荷作为目标提水量，计入区间用水总量，确定淮安泵站群匹配提水量。

b. 考虑淮阴泵站群较淮安泵站群分别延后 −2h、−1h、0h、1h、2h、3h 优化开机，以延时后的淮安泵站群初始扬程作为日均扬程，重新以该日均扬程下的匹配负荷对应的优化运行过程作为边界条件，结合淮阴泵站群优化流量过程与级间用水户用水过程，分别进行 6 种方案下的一维非恒定流数值模拟。

c. 若各方案下淮安泵站群站下平均水位同假设不符，重新假设淮安泵站群站下初始水位，重复步骤 b，使之模拟结果基本一致。

d. 综合考察输水渠道各典型断面 24h 日均水位变幅，是否满足生态、灌溉、通航、防洪等水位要求，以及初始假设水位与调度运行时的水位变幅差距、并联泵站群初始假定条件是否合理，及其对应 6 种运行方案的运行费用，进行综合比较、优选。

e. 调整初始假设条件（假设淮阴泵站群运行初始时刻扬程为其日均扬程），重复上述步骤，采用步骤 d 对方案进行综合比选。由此获得该调水任务下的梯级泵站群优化运行方案。

6）梯级优化方案综合比选。通过对淮阴泵站群延后 −2h、−1h、0h、1h、2h、3h 优化开机，获得 6 种方案下优化结果汇总见表 7.4 − 3，对应每种方案的淮安泵站群站上、淮阴泵站群站下水位过程如图 7.4 − 4～图 7.4 − 15 所示。由表 7.4 − 3 可知，当淮阴泵站群延后 1h 开机时，淮安泵站群单位提水费用为 75.18 元/万 m³，淮阴泵站群单位提水费用为 77.06 元/万 m³；整个输水过程中河道最低水位 9.30m，最高水位 9.61m，满足河道生态、灌溉、通航、防洪的水位要求，且淮安泵站群站上、淮阴泵站群站下水位变幅较其他方案变化最小，不超过 ±20cm，日均扬程变化同初始扬程基本匹配，因而采用淮安泵站群日均扬程 3.67m、80％负荷，淮阴泵站群日均扬程 4.2m、80％负荷，且淮阴泵站群推迟 1h 的优化运行过程作为淮安—淮阴梯级泵站群优化运行方案，各泵站机组运行过程见表 7.4 − 4 和表 7.4 − 5。

表 7.4 − 3　　　　　　　　　　　不同方案优化结果汇总

淮阴站群延后 −2h 优化开机										
泵站名称	初始扬程/m	匹配负荷	单位提水费用/(元/万 m³)	站群上、下初始水位/m	平均水位/m	水位变幅/m		河道初始水位/m	河道最低水位/m	河道最高水位/m
淮安一站					9.32	+0.19	−0.08			
淮安二站	3.41	80％	71.02	9.28	9.32	+0.19	−0.07	9.40	9.01	9.47
淮安四站					9.31	+0.17	−0.09			
淮阴一站	4.20	80％	77.06	—	9.15	+0.03	−0.44			
淮阴三站					9.16	+0.03	−0.42			

续表

淮阴泵站群延后−1h优化开机									
泵站名称	初始扬程/m	匹配负荷	单位提水费用/(元/万 m³)	站群上、下初始水位/m	平均水位/m	水位变幅/m		河道初始水位/m	河道最低水位/m	河道最高水位/m
淮安一站					9.40	+0.10	−0.09			
淮安二站	3.50	80%	73.17	9.37	9.40	+0.10	−0.07			
淮安四站					9.38	+0.08	−0.08	9.40	9.11	9.45
淮阴一站	4.20	80%	77.06	—	9.22	+0.05	−0.33			
淮阴三站					9.23	+0.05	−0.32			

淮阴泵站群延后0h优化开机									
泵站名称	初始扬程/m	匹配负荷	单位提水费用/(元/万 m³)	站群上、下初始水位/m	平均水位/m	水位变幅/m		河道初始水位/m	河道最低水位/m	河道最高水位/m
淮安一站					9.46	+0.13	−0.04			
淮安二站	3.53	80%	73.17	9.4	9.46	+0.13	−0.03			
淮安四站					9.44	+0.10	−0.04	9.40	9.19	9.52
淮阴一站	4.20	80%	77.06	—	9.27	+0.10	−0.25			
淮阴三站					9.28	+0.10	−0.23			

淮阴泵站群延后1h优化开机									
泵站名称	初始扬程/m	匹配负荷	单位提水费用/(元/万 m³)	站群上、下初始水位/m	平均水位/m	水位变幅/m		河道初始水位/m	河道最低水位/m	河道最高水位/m
淮安一站					9.54	+0.08	−0.11			
淮安二站	3.67	80%	75.18	9.54	9.54	+0.08	−0.10			
淮安四站					9.52	+0.06	−0.11	9.40	9.30	9.61
淮阴一站	4.20	80%	77.06	—	9.37	+0.20	−0.14			
淮阴三站					9.38	+0.20	−0.12			

淮阴泵站群延后2h优化开机									
泵站名称	初始扬程/m	匹配负荷	单位提水费用/(元/万 m³)	站群上、下初始水位/m	平均水位/m	水位变幅/m		河道初始水位/m	河道最低水位/m	河道最高水位/m
淮安一站					9.63	+0.14	−0.06			
淮安二站	3.69	80%	75.49	9.56	9.63	+0.14	−0.05			
淮安四站					9.61	+0.12	−0.07	9.40	9.38	9.70
淮阴一站	4.20	80%	77.06	—	9.48	+0.28	−0.06			
淮阴三站					9.49	+0.28	−0.03			

续表

					淮阴泵站群延后3h优化开机					
泵站名称	初始扬程/m	匹配负荷	单位提水费用/(元/万 m³)	站群上、下初始水位/m	平均水位/m	水位变幅/m		河道初始水位/m	河道最低水位/m	河道最高水位/m
淮安一站					9.69	+0.13	−0.12			
淮安二站	3.78	80%	76.81	9.65	9.70	+0.13	−0.12			
淮安四站					9.68	+0.11	−0.13	9.40	9.38	9.77
淮阴一站	4.20	80%	77.06	—	9.56	+0.35	0			
淮阴三站					9.57	+0.35	0			

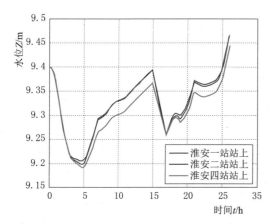

图 7.4−4 淮阴泵站群延后−2h淮安泵站群
站上水位过程

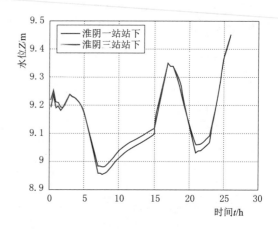

图 7.4−5 淮阴泵站群延后−2h淮阴泵站群
站下水位过程

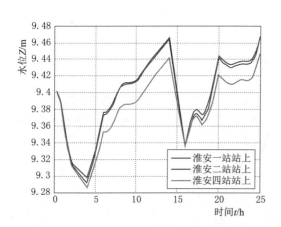

图 7.4−6 淮阴泵站群延后−1h淮安泵站群
站上水位过程

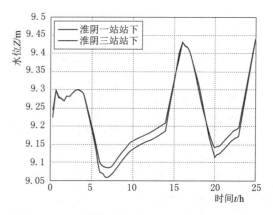

图 7.4−7 淮阴泵站群延后−1h淮阴泵站群
站下水位过程

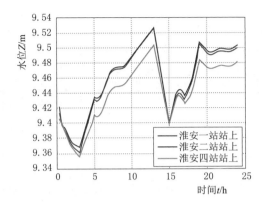

图 7.4-8 淮阴泵站群延后 0h 淮安泵站群
站上水位过程

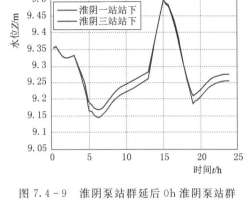

图 7.4-9 淮阴泵站群延后 0h 淮阴泵站群
站下水位过程

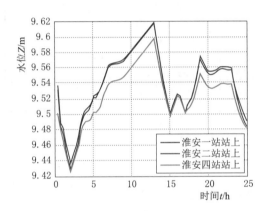

图 7.4-10 淮阴泵站群延后 1h 淮安泵站群
站上水位过程

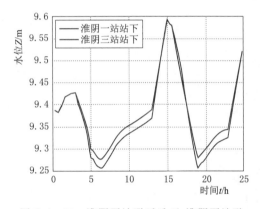

图 7.4-11 淮阴泵站群延后 1h 淮阴泵站群
站下水位过程

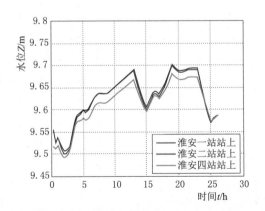

图 7.4-12 淮阴泵站群延后 2h 淮安泵站群
站上水位过程

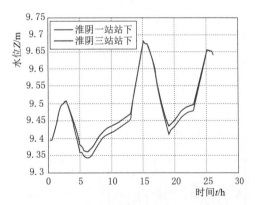

图 7.4-13 淮阴泵站群延后 2h 淮阴泵站群
站下水位过程

表7.4-4　淮安泵站群日均扬程3.67m，80%负荷各机组优化开机过程

时段编号	淮安一站						淮安二站			淮安四站				
1	停机	停机	停机	停机	停机	停机	−2	−2	−2	停机	停机	停机	停机	停机
2	停机	停机	停机	停机	停机	停机	+2	+2	−2	停机	停机	停机	停机	停机
3	停机	停机	停机	停机	停机	停机	+2	+2	−2	停机	停机	停机	停机	停机
4	−4	−4	−4	−4	−4	−4	+4	+4	+4	+2	+2	+1	+1	+1
5	−4	−4	−4	−4	−4	−4	+4	+4	+4	+2	+2	+1	+1	+1
6	+2	+2	+2	+2	+2	+2	+4	+4	+4	+4	+4	+4	+4	+4
7	+2	+2	+2	+2	+2	+2	+4	+4	+4	+4	+4	+4	+4	+4
8	+2	+2	+2	+2	+2	+2	+4	+4	+4	+4	+4	+4	+4	+4
9	+2	+2	+2	+2	+2	+2	+4	+4	+4	+4	+4	+4	+4	+4
10	+2	+2	+2	+2	+2	+2	+4	+4	+4	+4	+4	+4	+4	+4
11	+2	+2	+2	+2	+2	+2	+4	+4	+4	+4	+4	+4	+4	+4
12	+2	+2	+2	+2	+2	+2	+4	+4	+4	+4	+4	+4	+4	+4
13	+2	+2	+2	+2	+2	+2	+4	+4	+4	+4	+4	+4	+4	+4
14	停机	停机	停机	停机	停机	停机	停机	停机	+4	停机	停机	停机	停机	停机
15	停机	停机	停机	停机	停机	停机	停机	停机	+4	停机	停机	停机	停机	停机
16	停机	停机	停机	停机	停机	停机	停机	停机	+4	停机	停机	停机	停机	停机
17	停机	停机	停机	停机	停机	停机	停机	停机	+4	停机	停机	停机	停机	停机
18	−4	−4	−4	−4	−4	−4	+4	+4	+4	+1	+1	0	0	0
19	−4	−4	−4	−4	−4	−4	+4	+4	+4	+1	+1	0	0	0
20	−4	−4	−4	−4	−4	−4	+4	+4	+4	+1	+1	0	0	0
21	−3	−3	−3	−3	−3	−3	+4	+4	+4	+2	+2	+1	+1	+1
22	−3	−3	−3	−3	−3	−3	+4	+4	+4	+2	+2	+1	+1	+1
23	−3	−3	−3	−3	−3	−3	+4	+4	+4	+2	+2	+1	+1	+1
24	停机	停机	停机	停机	停机	停机	−2	−2	−2	停机	停机	停机	停机	停机

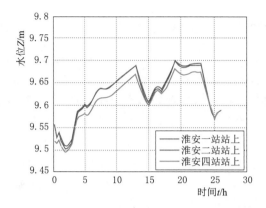

图 7.4-14 淮阴泵站群延后 3h 淮安泵站群
站上水位过程

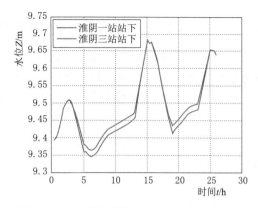

图 7.4-15 淮阴泵站群延后 3h 淮阴泵站群
站下水位过程

表 7.4-5　　　　淮阴泵站群日均扬程 4.2m、80%负荷各机组优化开机过程

时段编号	淮阴一站机组开机叶片角/(°)				淮阴三站机组转速/(r/min)			
1	停机	停机	停机	−2	停机	120	停机	停机
2	停机	停机	停机	−2	停机	120	停机	停机
3	停机	停机	停机	−2	停机	120	停机	停机
4	+1	+1	+1	+1	130	130	130	130
5	+1	+1	+1	+1	130	130	130	130
6	+1	+1	+1	+1	130	130	130	130
7	+1	+1	+1	+1	130	130	130	130
8	+1	+1	+1	+1	130	130	130	130
9	+1	+1	+1	+1	130	130	130	130
10	+1	+1	+1	+1	130	130	130	130
11	+1	+1	+1	+1	130	130	130	130
12	+1	+1	+1	+1	130	130	130	130
13	+1	+1	+1	+1	130	130	130	130
14	停机	停机	停机	停机	停机	停机	停机	停机
15	停机	停机	停机	停机	停机	停机	停机	停机
16	停机	停机	停机	−0.5	125	停机	120	120
17	停机	停机	停机	−0.5	125	停机	120	120
18	+1	+1	+1	+1	130	130	130	130
19	+1	+1	+1	+1	130	130	130	130
20	+1	+1	+1	+1	130	130	130	130
21	+1	+1	+1	+1	130	130	130	130
22	+1	+1	+1	+1	130	130	130	130
23	+1	+1	+1	+1	130	130	130	130
24	停机	停机	停机	−2	停机	120	停机	停机

7.4.2 基于扬程-水位逐次逼近策略的梯级泵站群优化运行方法

（1）模型求解方法——扬程-水位逐次逼近策略。针对模型式（7-1）～式（7-4），通常情况下先对各级泵站进行扬程优化分配，获得各级并联泵站群优化扬程 H_l^*，进而通过级间水库对输水河道水位进行调节，固定各级泵站运行扬程，以给定优化扬程分配下的各级并联泵站群优化运行方案作为整个梯级泵站群优化调度运行方案。

本研究针对另外一种情况，即如果无法通过级间调蓄型水库对河道水位预先进行调节，获得各级并联泵站群扬程优化分配；或遇应急性调水任务，无法短时间内对级间输水河道水位进行调节，则各级并联泵站群初始提水扬程及提水负荷已定，则模型式（7-1）～式（7-4）中决策变量 $H_{i,j,k,l}$ 为已知，系统总提水扬程 HE 也已固定，研究重点转为输水河道水位变化与泵站提水扬程优化衔接下的各级并联泵站群优化运行。

1）并联泵站群优化运行模型及求解方法。对于大型调水工程，"级点"并联泵站群的特点是各站进出水河道（池、渠）通常为相同，各站提水扬程也基本相同。因此，可将模型式（7-1）～式（7-4）分解为 TJ 个并联泵站群多工况联合调度优化运行子模型，即模型式（7-7）～式（7-9），采用前述大系统二级分解-动态规划聚合法，分别求解获得给定各级泵站群初始扬程（H_{11}、H_{21}、$\cdots$、H_{l1}）以及对应提水负荷（W_1、W_2、$\cdots$、W_l）下一系列并联泵站群多工况联合优化运行方案。

2）级间输水河道非恒定流模拟。以上求解获得的泵机组优化出流过程是在给定初始扬程下获得的，由于受峰谷电价影响，时段间流量过程并不均衡，故级间输水河道水位变化频繁，直接影响泵站上（下）游水位，导致既定扬程受到波动，影响优化计算结果。因此需将该出流过程作为河网边界条件，同时考虑其他计算参数，纳入一维非恒定流模型，进行数值模拟计算校核。

以两级调水泵站群为例，将模型式（7-7）～式（7-9）求解获得的一级泵站群、二级泵站群泵机组优化提水流量过程作为河道上、下游边界，并给定河道初始水位，同时考虑河道沿线不同类型用水户用水流量过程，结合河道断面参数，采用一维非恒定流模型，对级间输水河道开展非恒定流数值模拟与分析。此模型方程为圣维南方程组，采用 Preissmann 隐格式建立差分方程，采用追赶法求解，获得一级泵站群站上水位 $Z_{1,u}$、二级泵站群站下水位 $Z_{2,d}$ 变化过程。

3）确定计算扬程。假定一级泵站群站下、二级泵站群站上为大容积输水河道，一级泵站群站下水位 $Z_{1,d}$、二级泵站群站上水位 $Z_{2,u}$ 可考虑为常值，则并联泵站群提水扬程主要受 $Z_{1,u}$、$Z_{2,d}$ 变化影响。由 $Z_{1,d}$ 值、按步骤2）获得的 $Z_{1,u}$ 过程确定一级泵站群日提水扬程过程 H_{12}；由步骤2）获得的 $Z_{2,d}$ 过程、$Z_{2,u}$ 值确定二级泵站群日提水扬程过程 H_{22}。

4）并联泵站群优化运行模型与河道非恒定流模型求解逐次逼近选优。将获得的 H_{12}、H_{22} 过程分别同给定的初始扬程 H_{11}、H_{21} 比较，若满足给定迭代控制精度要求，且输水河道各断面水位符合河道防洪除涝、工农业用水、通航及生态水位等要求，即可采用一级站、二级泵站群优化运行方案作为模型最优解；若超过精度范围，或级间输水河道水位变化不满足河道防洪排涝、工农业用水、通航以及生态水位等要求，则以最近获得的平均扬程作为初始扬程，重复步骤 1）～3），直至满足以上要求，由此获得梯级泵站群优化运行方案及对应的最小提水费用，并实现梯级泵站群优化运行下的水位优化衔接。

以上采用逐次逼近策略的梯级泵站群优化运行研究思路如图 7.4 - 16 所示。

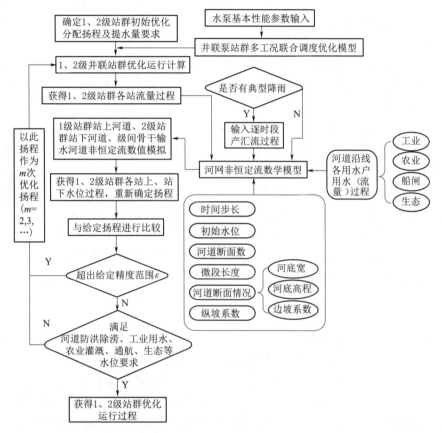

图 7.4 - 16   采用逐次逼近策略的梯级泵站群优化运行研究思路（以二级泵站群为例）

（2）淮安—淮阴梯级泵站群优化运行实例研究。

1）基本情况。该输水系统河道数值模拟涉及苏北灌溉总渠、京杭运河两淮段、头河等主要河道 13 条，各并联泵站群泵机组性能参数，各河道长度、底宽、河底高程、边坡等相关参数，沿线用水户用水规模概化成果已知，其中，南风元明粉工业取水口概化流量为 2.0m³/s；银珠化工工业区雨水口概化流量为 1.0m³/s；中电洪泽热电工业取水口概化流量为 5.0m³/s，概化后级间河道用水户日用水总量 643.5 万 m³。

2）模型计算参数设定。考虑淮安泵站群站下为常水位 5.27m，淮阴泵站群站上为常水位 12.1m，级间输水河道初始水位 9.4m，则淮安泵站群初始扬程为 4.13m，淮阴泵站群初始扬程为 2.7m。假定以淮阴泵站群初始扬程下，100% 负荷提水量 2233 万 m³ 作为目标水量，并计入级间输水河道沿线用水户日用水总规模 643.5 万 m³，确定淮安泵站群目标提水量为 2876 万 m³，近似为淮安泵站群在 4.13m 日均扬程下的 100％负荷。

采用并联泵站群优化运行模型与一维非恒定流模型的逐次逼近选优方法，进行多方案比较，综合考虑各种因素影响，选择确定满足级间输水河道水位优化衔接下的各泵站优化运行方案。

3）优化过程。

a. 淮安泵站群初始扬程 4.13m、100％负荷，淮阴泵站群初始扬程 2.7m、100％负荷为计算条件，分别进行并联泵站群优化运行模型求解，获得淮安泵站群、淮阴泵站群各机组优化提水流量过程，记为 1 次并联站群优化。

b. 以 1 次并联泵站群优化获得的淮安泵站群、淮阴泵站群流量过程作为计算河网边界条件，进行一维非恒定流数值模拟，保存淮安泵站群站上、淮阴泵站群站下水位过程，记为 2 次数值模拟。

c. 以 2 次数值模拟获得的水位过程，按并联泵站群优化运行时段划分规则，分为 9 个时段，计算各时段均水位，确定淮安泵站群、淮阴泵站群修正扬程，开展淮安泵站群、淮阴泵站群优化运行模型求解，记为 3 次并联站群优化。

d. 由此反复迭代，考虑到计算工作量，直到 8 次数值模拟完毕，共进行 4 次并联泵站群优化运行模型求解与 4 次河网非恒定流数值模拟，即依次为 1 次优化，2 次数值模拟，3 次优化，4 次数值模拟，5 次优化，6 次数值模拟，7 次优化，8 次数值模拟。

e. 综合考虑并联泵站群时段扬程匹配度、梯级泵站群优化运行经济度、级间输水河道水位变化幅度、输水河道通航、生态水位要求，以及级间用水户影响度等分析，综合选定满足级间输水河道水位优化衔接的梯级泵站群优化运行方案。

4）成果分析。

a. 并联泵站群时段扬程匹配度分析。要达到梯级泵站群级间输水河道水位优化衔接，关键是要使并联泵站群在各自扬程下获得的优化出流过程，与在该出流过程边界条件下通过非恒定流数值模拟获得的一级泵站群站上 $Z_{1,u}$、二级泵站群站下 $Z_{2,d}$ 过程对应的扬程变幅相一致。前已假定淮安泵站群站下 $Z_{1,d}$ 和淮阴泵站群站上 $Z_{2,u}$ 为常水位，则各并联泵站群时均扬程匹配转化为站上水位与站下水位之差。因此，研究重点转为考虑淮安泵站群、淮阴泵站群在各自提水扬程下获得的优化出流过程，与在该出流过程边界条件下通过非恒定流数值模拟获得的淮安泵站群站上、淮阴泵站群站下水位过程对应的扬程变幅相一致。

本次共进行 4 次级间输水河道非恒定流数值模拟，各次模拟下各泵站站上（下）水位过程如图 7.4-17 所示。

由图 7.4-17 可以看出，各数值模拟方案下，淮阴泵站群站下水位峰值主要集中在开机、开机后 3h，以及开机后 16h，均处于高电价［0.978 元/（kW·h）］时段内。淮安泵站群站上水位过程较淮阴泵站群站下水位过程稍显平稳，但峰谷出现时刻与淮阴泵站群相反。可见，在级间输水河道沿线用水户用水过程一定情况下，泵站群上（下）游水位过程主要受峰谷电价影响。

各数值模拟方案下，相邻 2 次数值模拟获得的淮安泵站群站上、淮阴泵站群站下水位匹配度过程如图 7.4-18 所示，对应的各泵站站上（下）最大水位差如表 7.4-6 所列。

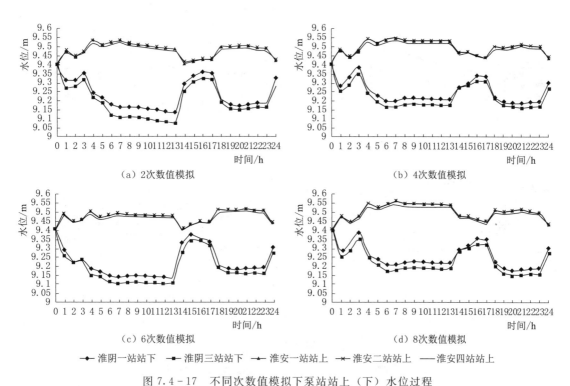

图 7.4-17 不同次数值模拟下泵站站上（下）水位过程

表 7.4-6 相邻数模泵站站上（下）最大水位差

泵　　　站	最大水位差/cm		
	4—2 次数模	6—4 次数模	8—6 次数模
淮阴一站	7.45	14.70	15.04
淮阴三站	9.88	11.81	12.33
淮安一站	5.07	6.16	7.13
淮安二站	5.21	6.30	7.16
淮安四站	4.94	6.06	7.14
平均值	6.51	9.01	9.76

　　由图 7.4-18 和表 7.4-6 可知，从各泵站提水扬程匹配度角度来看，4-2 次数值模拟站上（下）最大水位差最小，平均为 6.51cm，即扬程匹配度最高，即对应的 3 次并联泵站群优化运行方案最优。

　　b. 梯级泵站群优化运行经济度分析。各并联泵站群优化运行方案下，提水耗电费用情况如表 7.4-7 所列。由表 7.4-7 可知，从泵站提水经济性角度出发，1 次并联泵站群优化运行方案提水耗电费用最低，较初始扬程下各机组定角恒速运行时，梯级泵站群优化运行总节省幅度达到 10.83%，最为经济。但考虑到该方案对应的优化出流过程下，2 次河网非恒定流模拟与其提水扬程匹配度较差，运行后达不到实际优化效益。鉴于 4 次数模下泵站提水扬程匹配度最高，且泵站提水费用仍有 7.56% 的效益，从两方面来考虑，3 次

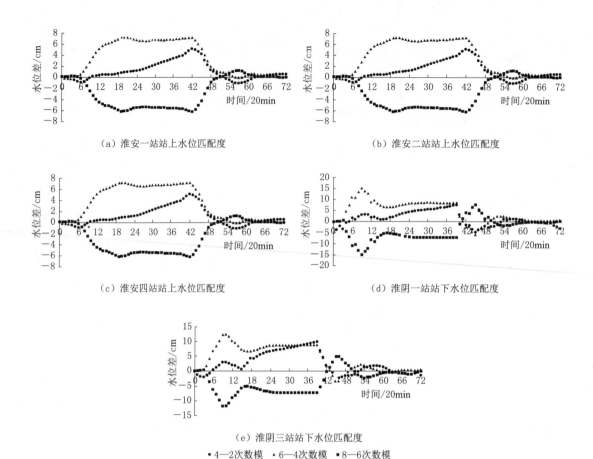

（a）淮安一站站上水位匹配度　　　（b）淮安二站站上水位匹配度

（c）淮安四站站上水位匹配度　　　（d）淮阴一站站下水位匹配度

（e）淮阴三站站下水位匹配度

• 4—2次数模　　▲ 6—4次数模　　■ 8—6次数模

图 7.4 - 18　淮安泵站群站上、淮阴泵站群站下水位匹配度

注：4—2 次数值模拟是指 4 次数值模拟与 2 次数值模拟间站上（下）相同时刻水位差值，其余以此类推。

泵站优化运行方案仍为满足级间输水河道水位优化衔接的最优方案。

c. 级间输水河道水位变幅分析。在 4 种河网数值模拟下（2 次、4 次、6 次和 8 次），各河道输水时段内最高水位、最低水位、水位变幅如表 7.4 - 8 所列。由表 7.4 - 8 可知，4 次数模方案下各河道水位变幅最小，平均水位变幅 14.9cm，较其他 3 种水位变幅小 5.49%～13.8%。可见，4 次数值模拟方案对应的 3 次并联泵站群优化运行方案下，输水河道水位变化相对较为平稳。

表 7.4 - 7　　　　　　　　　　　泵站群优化运行结果

项　　目	淮安泵站群		淮阴泵站群		淮安—淮阴梯级站群	
	单位提水费用/元	节省幅度/%	单位提水费用/元	节省幅度/%	总提水费用/元	总节省幅度/%
1 次优化	94.56	9.83	60.69	12.76	406624.3	10.83
3 次优化	96.21	8.26	65.26	6.20	421559.7	7.56
5 次优化	96.30	8.17	65.01	6.55	421259.4	7.62

续表

项　　目	淮安泵站群		淮阴泵站群		淮安—淮阴梯级站群	
	单位提水费用/元	节省幅度/%	单位提水费用/元	节省幅度/%	总提水费用/元	总节省幅度/%
7 次优化	95.85	8.60	65.56	5.76	421197.4	7.63
定角恒速运行	104.87	—	69.57	—	456012.1	—

注　表中各次优化所得并联泵站群单位提水费用分别为淮安泵站群初始扬程 4.13m、100%负荷，淮阴泵站群初始扬程 2.7m、100%负荷。

表 7.4-8 　　　　　　　　　　　　**输水河网各河道水位特征值**

河道名称	2 次模拟			4 次模拟			6 次模拟			8 次模拟		
	最高水位/m	最低水位/m	水位变幅/cm	最高水位/m	最低水位/m	水位变幅/cm	最高水位/m	最低水位/m	水位变幅/cm	最高水位/m	最低水位/m	水位变幅/cm
苏北灌溉总渠	9.5095	9.1856	32.39	9.5192	9.2304	28.88	9.4852	9.1861	29.91	9.5302	9.2305	29.97
砚台船闸输水河道	9.3788	9.1856	19.32	9.3864	9.2304	15.60	9.3859	9.1861	19.98	9.39	9.2305	15.95
淮阴一站站下引河	9.3596	9.1292	23.04	9.3805	9.178	20.25	9.3764	9.1336	24.28	9.3839	9.1781	20.58
淮阴三站站下引河	9.3596	9.073	28.66	9.3805	9.1561	22.44	9.3764	9.0993	27.71	9.3839	9.1536	23.03
淮安四站站上河道	9.5206	9.403	11.76	9.5302	9.4246	10.56	9.5043	9.3945	10.98	9.5413	9.4274	11.39
运西电站站上河道	9.5274	9.4032	12.42	9.5369	9.4247	11.22	9.501	9.3946	10.64	9.548	9.4275	12.05
淮安一站站上河道	9.5341	9.4036	13.05	9.5417	9.4268	11.49	9.5055	9.3927	11.28	9.5528	9.4263	12.65
淮安二站站上河道	9.5353	9.408	12.73	9.5446	9.4299	11.47	9.5172	9.3971	12.01	9.5557	9.4302	12.55
里运河	9.5331	9.367	16.61	9.5453	9.4012	14.41	9.5164	9.3646	15.18	9.5559	9.4012	15.47
京杭运河	9.5095	9.4023	10.72	9.5192	9.4246	9.46	9.4872	9.3942	9.30	9.5302	9.4286	10.16
运东船闸输水河道	9.5095	9.4026	10.69	9.5192	9.4246	9.46	9.485	9.3945	9.05	9.5301	9.4286	10.15
京杭运河两淮段	9.533	9.3671	16.59	9.5451	9.4012	14.39	9.5161	9.3647	15.14	9.5558	9.4012	15.46
头河	9.5337	9.3663	16.74	9.5461	9.4011	14.50	9.5181	9.3638	15.43	9.5566	9.4011	15.55

　　d. 输水河道通航、生态水位要求分析。在河网计算过程中，具有等级航道要求的苏北灌溉总渠、里运河及京杭运河，对水位变化要求较敏感。通过表 7.4-8 进行分析，表中所述水位差并非同一断面在一定输水时段内的最高、最低水位之差，仅指该河道所有断面上的最大水位差。以 4 次数模方案下的苏北灌溉总渠为例，根据数模结果可知，最高水位 9.5192m 位于第 74 个计算断面的 400min，最低水位 9.2304m 位于第 1、2、3 个计算断面的 1140min；如果仅针对第 74 个计算断面，其最高、最低水位分别为 9.5192m 和 9.4246m，水位差 9.46cm，且二者出现时间间隔 620min，从河道水位峰谷值及其出现间隔来看，可满足等级航道通航要求。由于通航水位一般较河道生态水位要高，满足通航水位即可满足生态水位要求。

　　e. 级间用水户影响度分析。泵站优化出流过程除了与峰谷分时电价有关外，输水河道沿线各用水户用水过程也有一定影响。各数值模拟方案下，计算河网中河道最大水位变幅均位于苏北灌溉总渠,这是由于梯级输水系统中的工农业、船闸、生态用水户主要都位于苏北灌溉总渠沿线,其用水规模与用水过程对梯级输水系统各级点并联泵站群上、下游水位影响较大,进而导致泵站各时段提水扬程发生变化。

f. 泵站群优化运行方案确定。淮安泵站群初始扬程 4.13m、100% 负荷,淮阴泵站群初始扬程 2.7m、100% 负荷下,根据以上分析,综合选优,确定并联泵站群 3 次优化运行方案,作为最优方案,各机组优化运行过程见表 7.4-9。

表 7.4-9　　　　　　　　　　　淮安泵站群、淮阴泵站群优化运行过程

泵站名称	调节方式	机组编号	时 段 调 节 过 程								
			I	II	III	IV	V	VI	VII	VIII	IX
淮安一站	叶片角 $\theta/(°)$	1	—	—	+1.5	+1.5	+1.5	—	—	−2	−2
		2	—	—	+1.5	+1.5	+1.5	—	—	−2	−2
		3	—	—	+1.5	+1.5	+1.5	—	—	−2	−2
		4	—	—	+1.5	+1.5	+1.5	—	—	−2	−2
		5	—	—	+1.5	+1.5	+1.5	—	—	−2	−2
		6	—	—	+1.5	+1.5	+1.5	—	—	−2	−2
		7	—	—	+1.5	+1.5	+1.5	—	—	−2	−2
淮安二站	叶片角 $\theta/(°)$	1	+2	+2	+4	+4	+4	+4	+2	+4	+4
		2	+2	+2	+4	+4	+4	+4	+2	+4	+4
淮安四站	叶片角 $\theta/(°)$	1	0	−1	+4	+4	+4	0	0	+4	+4
		2	0	0	+1	+4	+4	0	0	+4	+4
		3	0	0	+1	+4	+4	0	0	+2	+4
		4	+2	+2	+2	+4	+4	+1	+2	+4	+4
淮阴一站	叶片角 $\theta/(°)$	1	—	—	+4	+4	+4	+1	—	+4	+4
		2	—	—	+4	+4	+4	0	—	+4	+4
		3	0	—	+4	+4	+4	0	0	+4	+4
淮阴三站	转速 $n/(r/min)$	1	95	95	125	125	125	95	95	115	115
		2	95	95	125	125	125	95	95	115	125
		3	95	95	125	125	125	95	95	115	115
		4	95	95	125	125	125	95	95	115	125

注　"—"指机组处于停机阶段。

(3) 结论与讨论。

1) 考虑梯级泵站群级间输水河道各种水位要求,采用提出的基于扬程-水位逐次逼近策略优化梯级调水系统级间输水河道水位,从并联泵站群时段扬程匹配度、泵站优化运行经济度、输水河道水位变幅、河道通航及生态水位要求、级间用水户影响度 5 个方面,对优化方案进行逐次优选,确定最优方案下泵站群机组各时段优化运行叶片安放角(或转速),并获得对应的优化运行费用。

2) 以南水北调东线江苏境内淮安一站、二站、四站—淮阴一站、三站梯级输水系统

为典型实例，在淮安泵站群初始扬程 4.13m、100％负荷，淮阴泵站群初始扬程 2.7m、100％负荷条件下，3 次并联泵站群优化运行下扬程匹配度最高；并获得对应的各级泵站群机组各时段优化运行叶片安放角或机组转速，较泵机组定角恒速运行下梯级泵站群单位提水费用节省 7.56％；且 4 次数模下各河道水位变幅最小，平均水位变幅 14.9cm；对应的各河道高低水位值及其出现间隔可满足通航及生态水位要求。

3）在各并联泵站群既定初始扬程情况下，进行并联泵站群优化运行与级间输水河道的逐次逼近优化，从中选取泵站群上（下）游数值模拟下的水位过程与其运行时段扬程基本一致，且河道水位变幅较小，满足河道防洪排涝、工农业用水、通航、生态等水位要求的综合优化方案；无需先开展并联泵站群不同日均扬程、不同提水量负荷组合下的优化计算，节省了大量计算；且在优化迭代过程中，把泵站群日均扬程分解为时均扬程，模型求解精度有所提高。

4）在优化过程中，级间输水河道沿线不同类型用水户的用水规模和用水过程对河道水位变化具有一定影响。必要时，为保证河道防洪排涝、工农业灌溉、生态及通航等要求，会损失一部分泵站运行能耗，虽然输水系统经济效益有所下降，但系统整体的社会、经济和生态等综合效益将大大提高。

7.5 给定梯级泵站群总扬程及提水负荷时梯级泵站群优化运行方法

针对跨流域调水体系泵站系统，在给定系统总提水扬程，且级间无调蓄型水库情况下，构建系统优化运行数学模型，尝试采用系统工程理论与河网非恒定流模型相耦合的方法，开展优化运行方法研究，以获得满足输水河道水位综合要求下，各级泵站优化运行方案。

由于梯级泵站群系统内，各级点并联泵站群进出水条件基本相同，可视为包含不同型号多机组的单个泵站，因此本部分内容研究针对的是单站串联的梯级泵站群系统优化运行问题，其核心内容与并联泵站群串联的梯级泵站群系统并无实质差异，区别仅在于子系统模型的构建及求解。

7.5.1 梯级泵站系统优化运行数学模型

对于具有 TJ 个梯级的工况可调节串联泵站系统，以系统提水耗电费用 R 最小为目标函数，以各时段泵站扬程、水泵叶片安放角（或机组转速）为决策变量，以各级泵站群提水量、各泵站机组配套电机额定功率，以及梯级泵站群总提水扬程为约束条件，构建以下优化运行数学模型：

目标函数：

$$R = \min \sum_{l=1}^{TJ} M_l = \min \sum_{l=1}^{TJ} \sum_{j=1}^{JZ} \sum_{i=1}^{SN} \frac{\rho g Q_{i,j,l}(\theta_{i,j,l}, n_{i,j,l}) H_{i,j,l}}{\eta_{z,i,j,l}(\theta_{i,j,l}, n_{i,j,l}) \eta_{\text{mot},j,l} \eta_{\text{int},j,l} \eta_{i,j,l}} \cdot \Delta T_i P_i \qquad (7-10)$$

第 l 级泵站提水量约束：

$$\sum_{j=1}^{JZ}\sum_{i=1}^{SN}Q_{i,j,l}(\theta_{i,j,l},n_{i,j,l})\Delta T_i \geqslant W_{e,l} \qquad (7-11)$$

功率约束：

$$N_{i,j,l}(\theta_{i,j,l},n_{i,j,l}) \leqslant N_{0,j,l} \qquad (7-12)$$

梯级提水总扬程约束：

$$\sum_{l=1}^{TJ}H_l = HE \qquad (7-13)$$

式中：R 为单站串联的梯级泵站系统运行最小耗电费用，元；M_l 为第 l 级泵站提水耗电费用，元；其余变量可按式（7-1）～式（7-4）各变量含义类推。

7.5.2　模型求解方法

（1）单站目标提水量分配。给定末级泵站目标提水量要求，并考虑级间输水河道沿线农业、工业、生态、船闸等用水户用水规模，可推求获得上一级泵站目标提水量，同理可得各级泵站目标提水量，由此对梯级泵站系统目标提水量进行分解，确定各级泵站目标提水量 $W_{e,l}$（$l=1,2,\cdots,TJ$）。

（2）模型分解。以各级泵站为阶段变量，各级泵站提水扬程为协调变量，将模型式（7-10）～式（7-13）分解为 TJ 个泵站多机组优化运行子模型，如式（7-14）～式（7-16）所示。

目标函数：

$$F = \min\sum_{j=1}^{JZ}f_j = \min\sum_{j=1}^{JZ}\sum_{i=1}^{SN}\frac{\rho g Q_{i,j}(\theta_{i,j},n_{i,j})H_{i,j}}{\eta_{z,i,j}(\theta_{i,j},n_{i,j})\eta_{mot,j}\eta_{int,j}\eta_{f,j}}\cdot\Delta T_i P_i \qquad (7-14)$$

总水量约束：

$$\sum_{j=1}^{JZ}\sum_{i=1}^{SN}Q_{i,j}(\theta_{i,j},n_{i,j})\Delta T_i \geqslant W_e \qquad (7-15)$$

功率约束：

$$N_{i,j}(\theta_{i,j},n_{i,j}) \leqslant N_{0,j} \qquad (7-16)$$

式中各变量含义按式（7-10）～式（7-13）变量含义类推。

（3）基于水量分解-动态规划聚合的子模型求解。考虑各泵站为单工况调节，在给定泵站某运行扬程 H_l 情况下，上述子模型式（7-14）～式（7-16）是包含单站水泵开机台数、叶片安放角（或机组转速）为双决策变量的非线性模型，可以机组台数 j（$j=1,2,\cdots,JZ$）为阶段变量；机组各时段叶片安放角（$\theta_{i,j}$）或机组转速（$n_{i,j}$）为决策变量，以机组提水量为协调变量，采用大系统分解-动态规划聚合法求解。主要求解过程如下：

1）将模型式（7-14）～式（7-16）进一步分解为 JZ 个单机组叶片全调节（或变频变速调节）日优化运行模型，即式（4-4）～式（4-6），或式（4-11）～式（4-13）。针对每一单机组子系统，以一定步长离散机组各时段最大叶片角度（或最大转速）下运行时的提水总量 $W_{j,max}$，采用一维动态规划法分别计算各机组对应不同提水量要求（$W_{j,m}$）下的最小提水费用 $f_{j,m}$（$j=1,2,\cdots,JZ;m=1,2,\cdots,max$）。

2）由上述各子系统获得一系列 $W_{j,m}\sim f_{j,m}(W_{j,m})$ 关系，将子模型式（7-14）～式（7-16）可转化以 j 为阶段变量，各机组日提水量 W_j 为决策变量，泵站各机组提水总量

的离散值 λ 为状态变量的一维动态规划模型，采用一维动态规划法求解，获得满足泵站目标提水量 W_e 的泵站最小提水费用 F 值，以及对应的各机组最优提水量组合 W_j^*（$j = 1$，2，$\cdots$，JZ）。

3）在获得各机组最优提水量组合 W_j^*（$j = 1,2,\cdots,JZ$）后，根据单机组优化结果回查可得到各水泵机组的最优开机方式，即各机组各时段最优叶片安放角度 $\theta_{i,j}$ 或机组转速 $n_{i,j}$（$i = 1,2,\cdots,SN$；$j = 1,2,\cdots,JZ$）。

（4）基于扬程离散的子模型优化运行方案库构建。针对每一泵站，根据机组装置性能特性，按一定步长将提水扬程 H_l 在其可行域内离散，可用 $H_{l,m}$（$m = 1,2,\cdots,\max$）表示，采用上述子模型优化方法，分别计算给定目标提水量 W_e 时在不同离散扬程 $H_{l,m}$（$m = 1$，2，$\cdots$，$\max$）下的优化运行方案，以此构建各级泵站优化运行方案库。

为使扬程动态规划聚合时尽可能满足梯级系统总扬程约束，在子模型一系列优化运行计算过程中，应尽可能将各级泵站提水扬程离散步长缩小。

（5）基于系统提水扬程动态规划聚合的模型转换与求解。通过不同离散扬程下对各级泵站分别进行给定目标提水量下的优化运行计算，可获得一系列系统提水费用与各级泵站扬程的关系，即 $H_{l,m} \sim F_{l,m}(H_{l,m})$。则模型式（7 - 10）~式（7 - 13）可转化为如下聚合模型：

目标函数：

$$R = \min \sum_{l=1}^{TJ} F_l(H_l) \tag{7 - 17}$$

梯级提水总扬程约束：

$$\sum_{l=1}^{TJ} H_l = HE \tag{7 - 18}$$

该模型为典型的一维动态规划模型，阶段变量为 l（$l = 1,2,\cdots,TJ$）；决策变量为各级泵站提水扬程分配值 H_l，其离散范围即为子系统优化运行模型求解时的离散范围 $H_{l,m}$（$m = 1,2,\cdots,\max$）。采用一维动态规划法求解，获得满足系统总提水扬程要求的各级泵站扬程优化分配值。

在获得各泵站最优扬程分配 H_l^*（$l = 1,2,\cdots,TJ$）后，根据子模型优化结果回查可得到各水泵机组的最优开机方式，即各机组各时段最优叶片安放角 $\theta_{i,j,l}$（$i = 1,2,\cdots,SN$；$j = 1,2,\cdots,JZ$；$l = 1,2,\cdots,TJ$）或机组转速 $n_{i,j,l}$。

（6）优化方案下级间输水河道水位优化衔接。考虑到采用模型式（7 - 17）、式（7 - 18）求解获得的各泵站优化运行方案对级间输水河道水位产生影响，有时需牺牲部分优化节电效益，转而达到系统整体效益的有效发挥。因此，除考虑优化运行方案外，在模型式（7 - 17）、式（7 - 18）求解过程中，还应保存若干个次优方案，分别作为河道上、下游流量边界，并给定河道初始水位，同时考虑河道沿线不同类型用水户用水过程，结合河道断面参数，采用一维非恒定流模型，对级间输水河道开展非恒定流数值模拟与分析，综合考察河道上、下游水位变化对既定扬程的影响、级间输水河道水位变幅，以及河道防洪排涝、通航、灌溉、生态水位等要求，综合比选出满足系统总提水扬程及提水量要求下的各泵站最优运行方案。

7.5.3　淮安四站—淮阴三站梯级泵站系统优化运行计算实例

（1）梯级泵站系统概况。

1）泵站基本情况。淮安四站属南水北调东线第二梯级泵站，安装立式轴流泵 4 台（其中 1 台备机），额定转速 $n=150 \text{r/min}$，叶轮直径为 2900mm，单机流量 $33.4 \text{m}^3/\text{s}$，配套电动机功率 $N_0=2240 \text{kW}$。水泵叶片为液压全调节方式，额定叶片安放角 $\theta=0°$，其调节范围为 $[-4°，+4°]$，泵站设计净扬程 4.18m，最大净扬程 5.33m，最小净扬程 3.13m。淮安四站水泵装置性能曲线拟合方程见表 3.3-8。

淮阴三站属南水北调东线第三梯级泵站，安装灯泡贯流泵 4 台（其中 1 台备用），叶轮直径为 3140mm，单机流量 $34 \text{m}^3/\text{s}$，配套电机功率 $N_0=2200 \text{kW}$。水泵与电机直接连接，额定转速 125r/min，设计叶片安放角 $-0.5°$，变频装置频率变化范围 $30 \sim 60 \text{Hz}$，对应的转速调节范围为 $75 \sim 150 \text{r/min}$。根据变频装置的负载特性，在额定频率以下为恒转矩、额定频率以上为恒功率。泵站设计净扬程 4.0m，最大净扬程 4.5m，最小净扬程 1.5m。淮阴三站水泵装置性能曲线方程见式（3-15）。

2）级间输水河道用水户概化。淮安—淮阴段输水河道沿线不同类型用水户概化如表 7.5-1 所列。为满足上下级泵站提水量衔接，本次级间用水户用水规模考虑 3 种组合：

规模 1：未考虑农业用水户取水，工业及船闸取水口按设计取水规模；

规模 2：农业用水户取水规模按设计规模的 40% 考虑，工业及船闸取水口按设计取水规模；

规模 3：农业用水户取水规模按设计规模的 60% 考虑，工业及船闸取水口按设计取水规模。

表 7.5-1　　　　　淮安—淮阴级间苏北灌溉总渠沿线用水户概化及用水规模组合

名　称	类　型	取水河道	取水流量/(m³/s)			备　注
			组合 1	组合 2	组合 3	
黄集洞取水口	农业	苏北灌溉总渠	0	7.2	10.8	周桥灌区
薛桥洞取水口	农业	苏北灌溉总渠	0	2	3	周桥灌区
永济北洞取水口	农业	苏北灌溉总渠	0	2	3	顺河洞灌区
永济南洞取水口	农业	苏北灌溉总渠	0	3.292	4.938	运西灌区
张码洞取水口	农业	苏北灌溉总渠	0	1.968	2.952	运西灌区
新河洞取水口	农业	苏北灌溉总渠	0	9.96	14.94	运西灌区
南风元明粉工业取水口	工业	苏北灌溉总渠	2	2	2	
银珠化工工业取水口	工业	苏北灌溉总渠	1	1	1	
中电洪泽热电工业取水口	工业	苏北灌溉总渠	2.4	2.4	2.4	
砚台船闸取水口	船闸	苏北灌溉总渠	0.214	0.214	0.214	
运东船闸取水口	船闸	苏北灌溉总渠	0.214	0.214	0.214	

（2）梯级泵站总扬程要求与各站目标提水量分配。以淮阴三站 350 万 m^3 为目标提水量，按照上述 3 种级间用水规模，可知级间用水总量分别为 50 万 m^3、279 万 m^3 和 393 万

m³，由此取 3 种泵站提水量组合，即：组合 1（淮阴三站 350 万 m³，淮安四站 400 万 m³），组合 2（淮阴三站 350 万 m³，淮安四站 629 万 m³），组合 3（淮阴三站 350 万 m³，淮安四站 743 万 m³）。

（3）子模型优化运行结果。

1）淮安四站优化运行结果。以 0.05m 为步长离散淮安四站扬程可行域［3.23m，5.33m］，分别获得目标提水量 400 万 m³、629 万 m³ 和 743 万 m³ 时各离散扬程下泵站最小提水费用（如图 7.5-1 所示），及对应的机组优化运行方案。

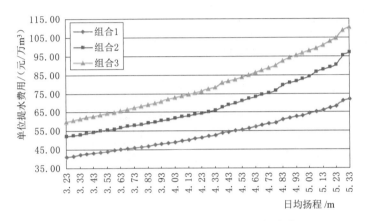

图 7.5-1　淮安四站各离散扬程下最小提水费用

由淮安四站子模型优化结果可得，日提水费用随日均扬程提高而增加。在目标提水量分别为 400 万 m³、629 万 m³ 和 743 万 m³，日均扬程为 3.23～5.33m 时，单位提水费用为 40.91～71.77 元/万 m³、52.00～96.82 元/万 m³、59.83～110.32 元/万 m³。

在 3 种目标提水量下，日均扬程每增加 0.05m，淮安四站各扬程下的单位提水费用平均增加分别为 0.73 元/万 m³、1.07 元/万 m³、1.20 元/万 m³。其中，在各目标提水量下，在日均扬程（4.38，4.83，5.28）m 时，单位提水费用增加值较大，分别为（1.16，1.85，2.33）元/万 m³、（1.50，3.02，2.51）元/万 m³ 和（2.89，4.68，4.27）元/万 m³。

2）淮阴三站优化运行结果。以 0.05m 为步长离散淮阴三站扬程［1.5m，4.5m］，分别获得目标提水量 350 万 m³ 时各离散扬程下泵站最小提水费用（如图 7.5-2 所示），及对应的机组优化运行方案。

由淮阴三站子模型优化结果可得，在目标提水量为 350 万 m³ 下，日均扬程为 1.5～4.5m 时，单位提水费用为 21.45～53.23 元/万 m³；日均扬程每增加 0.05m，单位提水费用平均增加 0.53 元/万 m³；且增加幅度最大为日均扬程 3.6m，对应的单位提水费用增加值分别为 1.78 元/万 m³。

（4）大系统动态规划聚合成果。分别考虑系统总扬程为 5.13m、7.13m、9.13m 下，分别将获得的淮安四站、淮阴三站一系列不同日均提水扬程下的提水费用代入大系统聚合模型式（7-17）、式（7-18），采用一维动态规划法求解，可得三种提水量组合下，系统最小单位提水费用如表 7.5-2 所列。

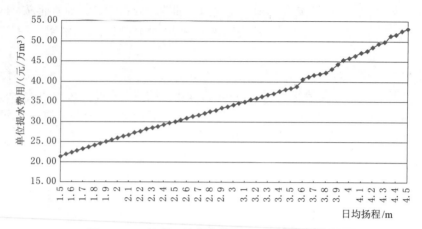

图 7.5 - 2　淮阴三站各离散扬程下最小提水费用

表 7.5 - 2　给定总扬程下淮安四站—淮阴三站系统优化运行最小单位提水费用

泵站提水组合	系统提水扬程/m	最优扬分配/m		最小单位提水费用/(元/万 m³)		单位提水费用/(元/万 m³)
		淮安四站	淮阴三站	淮安四站	淮阴三站	
组合 1	5.13	3.23	1.90	40.91	25.14	33.54
	7.13	3.58	3.55	44.43	38.95	41.87
	9.13	4.73	4.40	58.70	51.78	55.47
组合 2	5.13	3.23	1.90	52.00	25.14	42.39
	7.13	3.58	3.55	56.13	38.95	49.96
	9.13	4.63	4.50	73.24	53.23	66.07
组合 3	5.13	3.23	1.90	59.83	25.14	48.70
	7.13	3.58	3.55	64.73	38.95	56.43
	9.13	4.63	4.50	85.95	53.23	75.46

由获得的淮安四站、淮阴三站最优扬程分配值，回查子系统优化成果，可得对应的淮安四站、淮阴三站优化运行方案。分别以（水量组合 1，总扬程 7.13m），（水量组合 2，总扬程 5.13m），（水量组合 3，总扬程 9.13m）为例，各泵站优化开机方式如表 7.5 - 3 所列。

表 7.5 - 3　典型水量组合及系统总扬程下淮安四站、淮阴三站优化运行方案

运行工况	泵　站	调节参数	各时段优化开机方案								
			Ⅰ	Ⅱ	Ⅲ	Ⅳ	Ⅴ	Ⅵ	Ⅶ	Ⅷ	Ⅸ
水量组合 1，总扬程 7.13m	淮安四站	机组 1	$\theta/(°)$	—	—	+1	+3	+4	—	—	—	+1
		机组 2		—	—	—	+2	+4	—	—	—	—
		机组 3		—	—	—	+1	+2	—	—	—	—
	淮阴三站	机组 1	$n/(r/min)$	—	—	—	125	125	—	—	—	—
		机组 2		—	—	—	125	125	—	—	—	—
		机组 3		—	—	—	125	125	—	—	—	—

运行工况	泵 站		调节参数	各时段优化开机方案								
				I	II	III	IV	V	VI	VII	VIII	IX
水量组合 2，总扬程 5.13m	淮安四站	机组 1	$\theta/(°)$	—	—	+1	+2	+1	—	—	+1	+1
		机组 2		—	—	+1	+2	+1	—	—	+1	+1
		机组 3		—	—	—	+3	+2	—	—	+1	+1
	淮阴三站	机组 1	$n/(r/min)$	—	—	85	120	120	—	—	—	—
		机组 2		—	—	—	120	120	—	—	—	—
		机组 3		—	—	—	115	120	—	—	—	—
水量组合 3，总扬程 9.13m	淮安四站	机组 1	$\theta/(°)$	—	+1	+2	+3	+3	+1	+1	+2	+2
		机组 2		—	—	+2	+3	+3	+1	+1	+3	+3
		机组 3		—	—	+3	+3	+3	—	—	+3	+3
	淮阴三站	机组 1	$n/(r/min)$	—	—	105	110	110	—	—	—	—
		机组 2		—	—	100	110	110	—	—	—	—
		机组 3		—	—	—	110	110	—	—	—	—

注 表中"—"表示机组停机。

（5）级间输水河道水位优化衔接。在对级间各泵站扬程优化分配后，实际运行过程中，由于受峰谷电价影响，各时段间流量差异较大，会导致河道水位变化，进而影响既定扬程，因此，需引入河道非恒定流模型，考虑河道上、下游输入（出）流量过程和级间用水过程等边界条件，开展数值模拟分析，以满足实际运行过程中流量-水位同步衔接。

同样以（水量组合 1，总扬程 7.13m），（水量组合 2，总扬程 5.13m），（水量组合 3，总扬程 9.13m）3 种情况为例，分别考虑除优化运行方案以外的 6 个次优方案（见表 7.5-4），作为河道上、下边界，并给定河道初始水位 9.2m，同时考虑河道沿线不同类型用水户用水流量过程，结合河道断面参数，采用一维非恒定流模型，对级间输水河道开展非恒定流数值模拟与分析，分别从扬程匹配度、优化运行经济度、级间输水河道水位变幅、通航和生态水位要求等方面，综合比选出满足系统总扬程要求下的淮安四站、淮阴三站优化运行方案。

表 7.5-4 典型水量组合及系统总扬程下级间非恒定流数值模拟方案

运行工况	比选方案	方案优选度	扬程分配值/m		系统提水费用/(元/万 m³)
			淮安四站	淮阴三站	
水量组合 1，总扬程 7.13m	1	优 7	3.48	3.65	42.45
	2	优 6	3.53	3.60	42.41
	3	优 1	3.58	3.55	41.87
	4	优 2	3.63	3.50	41.90
	5	优 3	3.68	3.45	42.02
	6	优 4	3.73	3.40	42.05
	7	优 5	3.78	3.35	42.09

续表

运行工况	比选方案	方案优选度	扬程分配值/m		系统提水费用 /（元/万 m³）
			淮安四站	淮阴三站	
水量组合 2，总扬程 5.13m	1	优 1	3.23	1.90	42.39
	2	优 2	3.28	1.85	42.61
	3	优 3	3.33	1.80	42.81
	4	优 4	3.38	1.75	43.10
	5	优 5	3.43	1.70	43.25
	6	优 6	3.48	1.65	43.52
	7	优 7	3.53	1.60	43.71
水量组合 3，总扬程 9.13m	1	优 1	4.63	4.50	75.46
	2	优 2	4.68	4.45	76.07
	3	优 3	4.73	4.40	76.85
	4	优 4	4.78	4.35	77.51
	5	优 5	4.83	4.30	78.77
	6	优 6	4.88	4.25	79.58
	7	优 7	4.93	4.20	80.20

1）扬程匹配度。各方案下淮安四站站上、淮阴三站站下水位过程见表 7.5-5。

表 7.5-5　　典型水量组合及系统总扬程下淮安站上、淮阴站下水位匹配度

运行工况	比选方案	淮安四站 站上水位/m	淮阴三站 站下水位/m	扬程匹配度/m	
				淮安四站站上	淮阴三站站下
水量组合 1，总扬程 7.13m	1	9.149～9.234	9.102～9.233	0.051	0.098
	2	9.148～9.234	9.102～9.233	0.052	0.098
	3	9.170～9.251	9.114～9.253	0.051	0.086
	4	9.149～9.251	9.108～9.235	0.051	0.092
	5	9.148～9.252	9.107～9.234	0.052	0.093
	6	9.148～9.251	9.101～9.234	0.052	0.099
	7	9.148～9.250	9.100～9.234	0.052	0.1
水量组合 2，总扬程 5.13m	1	9.065～9.206	9.033～9.204	0.135	0.167
	2	9.061～9.206	9.033～9.204	0.139	0.167
	3	9.061～9.206	9.033～9.204	0.139	0.167
	4	9.063～9.207	9.034～9.205	0.137	0.166
	5	9.084～9.218	9.058～9.215	0.116	0.142
	6	9.064～9.207	9.036～9.205	0.136	0.164
	7	9.084～9.210	9.061～9.215	0.116	0.139

运行工况	比选方案	淮安四站 站上水位/m	淮阴三站 站下水位/m	扬程匹配度/m	
				淮安四站站上	淮阴三站站下
水量组合3， 总扬程9.13m	1	9.064～9.210	9.017～9.206	0.136	0.183
	2	9.084～9.217	9.038～9.205	0.116	0.162
	3	9.058～9.221	9.029～9.200	0.142	0.171
	4	9.087～9.236	9.058～9.212	0.113	0.142
	5	9.098～9.233	9.045～9.214	0.102	0.155
	6	9.101～9.259	9.068～9.240	0.099	0.132
	7	9.118～9.278	9.080～9.261	0.082	0.120

由表7.5-5可知：

a. 对提水量组合1，采用方案3（即淮安四站日均扬程3.58m、淮阴三站3.55m）时，优化运行过程中淮安四站站上、淮阴三站站下水位变幅最小（淮安四站为0.051m，淮阴三站为0.086m），假定淮安四站站下、淮阴三站站上为大容积输水河道，水位均可考虑为常值，则方案3下优化运行过程中与既定扬程的匹配度最高。

b. 对提水量组合2，采用方案7（即淮安四站日均扬程3.53m、淮阴三站1.6m）时，优化运行过程中淮安四站站上、淮阴三站站下水位变幅最小（淮安四站为0.116m，淮阴三站为0.139m），则方案7下优化运行过程中与既定扬程的匹配度最高。

c. 对提水量组合3，采用方案7（即淮安四站日均扬程4.93m、淮阴三站4.2m）时，优化运行过程中淮安四站站上、淮阴三站站下水位变幅最小（淮安四站为0.082m，淮阴三站为0.120m），则方案7下优化运行过程中与既定扬程的匹配度最高。

2）梯级泵站系统优化运行经济度。同样以（水量组合1，总扬程7.13m），（水量组合2，总扬程5.13m），（水量组合3，总扬程9.13m）3种情况为例，分别考虑除优化运行方案以外的6个次优方案（如表7.5-4所列），各方案下泵站优化运行经济度如表7.5-6所列。

a. 对于（水量组合1，总扬程7.13m），采用方案3时，分别考虑定角恒速运行和优化运行，淮安四站单位提示费用分别为60.15元/万 m^3 和44.43元/万 m^3，优化调度节省幅度为26.13%；淮阴三站单位提示费用分别为46.41元/万 m^3 和38.95元/万 m^3，优化调度节省幅度为16.07%，两者合计节省幅度为22.08%，从系统优化运行经济度来考虑，方案3为最优方案。

b. 对于（水量组合2，总扬程5.13m），采用方案1时，分别考虑定角恒速运行和优化运行，淮安四站单位提示费用分别为67.27元/万 m^3 和52.00元/万 m^3，优化调度节省幅度为22.70%；淮阴三站单位提示费用分别为25.77元/万 m^3 和25.14元/万 m^3，优化调度节省幅度为2.44%，两者合计节省幅度为19.73%，从系统优化运行经济度来考虑，方案1为最优方案。

c. 对于（水量组合3，总扬程9.13m），采用方案1时，分别考虑定角恒速运行和优化运行，淮安四站单位提示费用分别为96.70元/万 m^3 和85.95元/万 m^3，优化调度节省幅度为 11.12%；淮阴三站单位提示费用分别为 57.93 元/万 m³ 和 53.23 元/万 m³，优化调度节省幅度为 8.11%，两者合计节省幅度为 10.72%，从系统优化运行经济度来考虑，方案 1 为最优方案。

表 7.5-6　　　　　　　　典型水量组合及系统总扬程下优化运行经济度比较

运行工况	比选方案	最优扬程分配/m		最小单位提水费用/(元/万 m³)				较定角恒速运行节省幅度/%		
				定角恒速运行		优化运行				
		淮安四站	淮阴三站	淮安四站	淮阴三站	淮安四站	淮阴三站	淮安四站	淮阴三站	合计
水量组合1，总扬程7.13m	1	3.48	3.65	60.68	46.16	43.48	41.27	28.35	10.59	21.25
	2	3.53	3.60	60.41	46.28	43.87	40.73	27.38	11.99	21.20
	3	3.58	3.55	60.15	46.41	44.43	38.95	26.13	16.07	22.08
	4	3.63	3.50	59.89	46.56	44.94	38.44	24.96	17.44	21.92
	5	3.68	3.45	59.65	46.71	45.49	38.07	23.74	18.50	21.61
	6	3.73	3.40	59.43	46.88	45.86	37.70	22.83	19.58	21.51
	7	3.78	3.35	59.21	47.05	46.41	37.15	21.62	21.04	21.38
水量组合2，总扬程5.13m	1	3.23	1.90	67.27	25.77	52.00	25.14	22.70	2.44	19.73
	2	3.28	1.85	67.93	25.41	52.59	24.68	22.58	2.87	19.69
	3	3.33	1.80	68.60	25.05	53.15	24.26	22.52	3.15	19.68
	4	3.38	1.75	69.27	24.69	53.84	23.80	22.28	3.60	19.50
	5	3.43	1.70	69.95	24.32	54.31	23.41	22.36	3.74	19.58
	6	3.48	1.65	70.63	23.95	54.97	22.93	22.17	4.26	19.43
	7	3.53	1.60	71.33	23.57	55.54	22.45	22.14	4.75	19.43
水量组合3，总扬程9.13m	1	4.63	4.50	96.70	57.93	85.95	53.23	11.12	8.11	10.72
	2	4.68	4.45	97.72	57.22	87.15	52.55	10.82	8.16	10.41
	3	4.73	4.40	98.77	56.52	88.66	51.78	10.24	8.39	9.91
	4	4.78	4.35	99.83	55.83	89.84	51.36	10.01	8.01	9.56
	5	4.83	4.30	100.93	55.15	92.35	49.98	8.50	9.37	8.54
	6	4.88	4.25	102.03	54.50	93.88	49.45	7.99	9.27	8.06
	7	4.93	4.20	103.17	53.85	95.17	48.54	7.75	9.86	7.81

3）级间输水河道水位变幅。同样以（水量组合 1，总扬程 7.13m），（水量组合 2，总扬程 5.13m），（水量组合 3，总扬程 9.13m）3 种情况为例，分别考虑除优化运行方案以外的 6 个次优方案，输水河道主要考察苏北灌溉总渠，河道输水时段内最高水位、最低水位、水位变幅如表 7.5-7 所示。

a. 对于（水量组合 1，总扬程 7.13m），采用方案 1 和方案 2 时苏北灌溉总渠水位变幅最小，河道最大水位变幅为 0.116m，较其他方案水位变幅小 4.13%～11.45%。可见，采用方案 1 和方案 2 时对应的淮安四站、淮阴三站优化运行方案下，输水河道水位变化相对较为平稳。

b. 对于（水量组合 2，总扬程 5.13m），采用方案 5 和方案 7 时苏北灌溉总渠水位变幅最小，河道最大水位变幅为0.161m，较其他方案水位变幅小8.00%～9.55%。可见，采用方案5和方案7时对应的淮安四站、淮阴三站优化运行方案下，输水河道水位变化相对较为平稳。

　　c. 对于（水量组合3，总扬程9.13m），采用方案2时苏北灌溉总渠水位变幅最小，河道最大水位变幅为0.142m，较其他方案水位变幅小2.74%～26.04%。可见，采用方案2时对应的淮安四站、淮阴三站优化运行方案下，输水河道水位变化相对较为平稳。

表 7.5-7　　　　　　　　典型水量组合及系统总扬程下苏北灌溉总渠水位变幅

运行工况	比选方案	最高水位/m	最低水位/m	最大水位差/m	时间间隔/h
水量组合1， 总扬程7.13m	1	9.249	9.133	0.116	8
	2	9.249	9.133	0.116	8
	3	9.270	9.139	0.131	8
	4	9.253	9.132	0.121	8
	5	9.252	9.131	0.121	8
	6	9.251	9.130	0.121	8
	7	9.252	9.130	0.122	8
水量组合2， 总扬程5.13m	1	9.205	9.027	0.178	6
	2	9.205	9.027	0.178	6
	3	9.205	9.028	0.177	6
	4	9.206	9.029	0.177	6
	5	9.212	9.051	0.161	6
	6	9.206	9.031	0.175	6
	7	9.213	9.052	0.161	6
水量组合3， 总扬程9.13m	1	9.209	9.054	0.155	11
	2	9.210	9.068	0.142	13.33
	3	9.212	9.060	0.152	10.33
	4	9.231	9.069	0.162	13.33
	5	9.228	9.082	0.146	6.66
	6	9.253	9.084	0.169	12.33
	7	9.273	9.081	0.192	12.33

　　4）输水河道防洪排涝、通航和生态水位要求分析。对该计算河网内具有等级航道要求的苏北灌溉总渠、里运河及京杭运河，对水位变化要求较敏感。根据数值模拟成果，对于（水量组合1，总扬程7.13m），（水量组合2，总扬程5.13m），（水量组合3，总扬程9.13m），各方案下输水河道水位变幅均可满足防洪排涝、农业灌溉水位要求；同时，各方案下最大水位差出现时间间隔分别为8h、6h、6.66～13.33h，可见水位变幅及时间间隔可满足等级航道通航要求；由于通航水位一般较河道生态水位要高，满足通航水位即可满足生态水位要求。在此基础上，选取水位变幅最小的方案作为最优方案。

　　（6）考虑水位综合要求的淮安四站—淮阴三站梯级泵站系统优化方案确定。通过以上对输水河道水位过程优化衔接，可获得各考察指标下典型水量组合及系统总扬程时方案优选，见表7.5-8。

表7.5-8　　　　　各考察指标下典型水量组合及系统总扬程时方案优选

运行工况	泵站		输水河道	
	考察指标			
	扬程匹配度	优化运行经济度	水位变幅	防洪除涝、通航和生态水位要求
水量组合1，总扬程7.13m	方案3	方案3	方案1、2	方案1、2
水量组合2，总扬程5.13m	方案7	方案1	方案5、7	方案5、7
水量组合3，总扬程9.13m	方案7	方案1	方案2	方案2

1）对于（水量组合1，总扬程7.13m），优选方案应在方案1、方案2、方案3之间优选，除水位变幅外，方案3最优，而方案3下水位变幅为0.131m，较方案1、方案2的水位变幅差为0.016m，仍属可控范围，故综合考虑推荐方案3。

2）对于（水量组合2，总扬程5.13m），优选方案应在方案1、方案5、方案7之间优选，虽然方案7的系统系统优化运行节省幅度仅比方案1减少0.3%，从扬程匹配度角度，综合考虑推荐方案7。

3）对于（水量组合3，总扬程9.13m），优选方案应在方案1、方案2、方案7之间优选，从泵站优化运行经济度出发，方案2的系统系统优化运行节省幅度比方案7提高2.6%，故综合考虑推荐方案2。

采用上述推荐方案，系统可达到扬程匹配度、优化运行经济度、输水河道通航和生态水位要求的最优化，并基本满足级间输水河道水位变幅要求，由此最终确定所采用的各级泵站优化运行方案，如表7.5-9所列。

表7.5-9　　　　　典型水量组合及系统总扬程下泵站优化运行综合优选方案

运行工况	泵站		调节参数	各时段优化开机方案								
				I	II	III	IV	V	VI	VII	VIII	IX
水量组合1，总扬程7.13m	淮安四站	机组1	θ/(°)	—	—	+1	+3	+4	—	—	—	+1
		机组2		—	—	—	+2	+4	—	—	—	—
		机组3		—	—	—	+1	+2	—	—	—	—
	淮阴三站	机组1	n/(r/min)	—	—	—	125	125	—	—	—	—
		机组2		—	—	—	125	125	—	—	—	—
		机组3		—	—	—	125	125	—	—	—	—
水量组合2，总扬程5.13m	淮安四站	机组1	θ/(°)	—	—	+1	+2	+4	—	—	+1	+1
		机组2		—	—	+1	+2	+4	—	—	+1	+1
		机组3		—	—	—	+2	+4	—	—	+1	+1
	淮阴三站	机组1	n/(r/min)	—	—	75	110	115	—	—	—	80
		机组2		—	—	—	110	110	—	—	—	—
		机组3		—	—	—	110	110	—	—	—	—

续表

运行工况	泵站		调节参数	各时段优化开机方案								
				I	II	III	IV	V	VI	VII	VIII	IX
水量组合3，总扬程9.13m	淮安四站	机组1	$\theta/(°)$	—	+1	+3	+3	+3	+1	+1	+3	+3
		机组2		—	+1	+3	+3	+3	+1	—	+3	+3
		机组3		—	—	+3	+3	+3	—	—	+2	+3
	淮阴三站	机组1	$n/(r/min)$	—	—	105	110	110	—	—	—	—
		机组2		—	—	95	110	110	—	—	—	—
		机组3		—	—	—	110	110	—	—	—	—

注　表中"—"表示机组停机。

7.5.4　金湖泵站—洪泽泵站梯级泵站系统优化运行计算实例

（1）梯级泵站系统概况。

1）泵站基本情况。金湖泵站是南水北调东线一期工程第二梯级泵站，安装5台全调节灯泡贯流泵（1台备用），叶轮直径为$D=3350mm$，设计叶片安放0°，机组额定转速$n=115.4r/min$，单机设计流量37.5m^3/s，叶片角调节范围为$[-6°，+6°]$，电动机配套功率$N_0=2200kW$，总装机容量11000kW，设计扬程2.45m。金湖水泵站装置性能曲线拟合方程见表3.3-10。

洪泽泵站是南水北调东线一期工程第三梯级泵站，安装5台液压全调节立式混流泵（1台备用），叶轮直径为$D=3150mm$，设计叶片角$\theta=-2°$，机组额定转速$n=125r/min$，单机设计流量36.3m^3/s，叶片角调节范围为$[-8°，+2°]$，电动机配套功率$N_0=3550kW$，总装机容量17750kW，设计扬程6.60m。洪泽泵站水泵装置性能曲线拟合方程见表3.3-9。

2）级间输水河道用水户。金湖泵站与洪泽泵站之间的输水河道为入江水道三河段，河道沿线无各类用水户。

3）金湖泵站—洪泽泵站级间输水河道基本情况。金湖泵站与洪泽泵站之间的输水河道为入江水道三河段，全长36km，底宽300～2000m。中渡至三河拦河坝新三河段长39.3km，是自然冲刷而成，堤距300～3500m，滩面高程7.5～10.0m，深槽底宽300～2000m，深槽底高程2～4.5m，其中中渡至尾渡最深达－7.0m，河床内有衡阳滩、大墩岭等行洪障碍。

（2）梯级泵站总扬程要求与各站目标提水量分配。

1）系统总扬程：金湖泵站—洪泽泵站梯级泵站系统总扬程分别以6.55m、7.95m为例。

2）各站目标提水量：由于级间无用水户用水，因此可按金湖泵站、洪泽泵站目标提水量相等，考虑以日提水量均为752.04万m^3为例。

（3）考虑峰谷电价情况。

1）子模型优化运行结果。

a. 金湖泵站优化运行结果。以0.1m为步长离散金湖泵站扬程可行域[1.45m，

2.75m]，分别获得目标提水量 752.04 万 m³ 时各离散扬程下泵站最小提水费用（如图 7.5 - 3所示），及对应的机组优化运行方案。

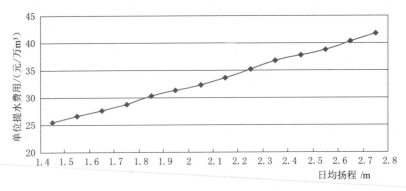

图 7.5 - 3　金湖泵站各离散扬程下最小提水费用（峰谷电价）

由金湖泵站子模型优化结果可得，日提水费用随日均扬程提高而增加。在目标提水量为 752.04 万 m³，日均扬程为 1.45～2.75m 时，单位提水费用为 25.45～41.77 元/万 m³。在相同提水量下，日均扬程每增加 0.1m，单位提水费用平均增加 1.25 元/万 m³。

b. 洪泽泵站优化运行结果。以 0.3m 为步长离散洪泽泵站扬程可行域 [3.8m，6.5m]，分别获得目标提水量 752.04 万 m³ 时各离散扬程下泵站最小提水费用（如图 7.5 - 4所示），及对应的机组优化运行方案。

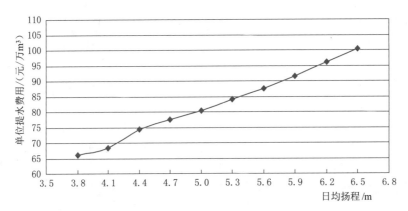

图 7.5 - 4　洪泽泵站各离散扬程下最小提水费用（峰谷电价）

由洪泽泵站子模型优化结果可得，日提水费用随日均扬程提高而增加。在目标提水量为 752.04 万 m³，日均扬程为 3.8～6.5m 时，单位提水费用为 65.96～100.41 元/万 m³。在相同提水量下，日均扬程每增加 0.3m，单位提水费用平均增加 3.8 元/万 m³。

2）大系统动态规划聚合成果。分别考虑系统总扬程为 6.55m、7.95m 下，分别将获得的金湖泵站、洪泽泵站一系列不同日均提水扬程下的提水费用代入大系统聚合模型式（7-17）、式（7-18），采用一维动态规划法求解，可得各站目标提水量 752.04 万 m³ 时，系统最小单位提水费用见表 7.5 - 10。

表 7.5－10   给定总扬程下金湖泵站—洪泽泵站系统优化运行
最小单位提水费用（峰谷电价）

系统总扬程/m	最优扬程分配/m		最小单位提水费用/（元/万 m³）		系统单位提水费用/（元/万 m³）
	金湖泵站	洪泽泵站	金湖泵站	洪泽泵站	
6.55	2.45	4.10	37.75	68.16	53.05
7.95	2.05	5.90	32.29	91.56	61.90

由获得的金湖泵站、洪泽泵站最优扬程分配值，回查各子系统优化成果，可得对应的金湖泵站、洪泽泵站优化运行方案。各泵站优化开机方式见表 7.5－11。

表 7.5－11   典型系统总扬程下金湖泵站、洪泽泵站优化运行方案（峰谷电价）

系统总扬程/m	泵 站		各时段优化开机方案								
			Ⅰ	Ⅱ	Ⅲ	Ⅳ	Ⅴ	Ⅵ	Ⅶ	Ⅷ	Ⅸ
6.55	金湖泵站	叶片安放角/（°）	—	—	—	+6	+3	—	—	−4	−6
		开机台数/台	—	—	—	4	4	—	—	4	4
	洪泽泵站	叶片安放角/（°）	—	—	—	+2	+2	—	—	—	−5
		开机台数/台	—	—	—	4	4	—	—	—	4
7.95	金湖泵站	叶片安放角/（°）	—	—	—	+6	+6	—	—	−6	−6
		开机台数/台	—	—	—	4	4	—	—	2	4
	洪泽泵站	叶片安放角/（°）	—	—	−5	−0.5	−0.5	—	—	−4	—
		开机台数/台	—	—	4	4	4	—	—	4	—

注 表中"—"表示机组停机。

3）级间输水河道水位优化衔接多方案比选。以系统总扬程 6.55m、7.95m 两种情况为例，分别考虑除优化运行方案以外的 4 个次优方案（见表 7.5－12），作为河道上、下边界，并给定入江水道三河段初始水位 7.9m（以日常水位考虑），结合河道断面参数，采用一维非恒定流模型，对级间输水河道开展非恒定流数值模拟与分析，分别从扬程匹配度、优化运行经济度、级间输水河道水位变幅、通航和生态水位要求等方面，综合比选出满足系统总扬程要求下的金湖泵站、洪泽泵站优化运行方案。

表 7.5－12   典型系统总扬程下级间非恒定流数值模拟方案（峰谷电价）

系统总扬程/m	比选方案	方案优选度	扬程分配值/m		系统单位提水费用/（元/万 m³）
			金湖泵站	洪泽泵站	
6.55	1	优 2	1.55	5.0	53.38
	2	优 3	1.85	4.7	53.86
	3	优 5	2.15	4.4	53.92
	4	优 1	2.45	4.1	53.05
	5	优 4	2.75	3.8	53.91

续表

系统总扬程/m	比选方案	方案优选度	扬程分配值/m		系统单位揿水费用/(元/万 m³)
			金湖泵站	洪泽泵站	
7.95	1	优5	1.45	6.5	62.78
	2	优4	1.75	6.2	62.40
	3	优1	2.05	5.9	61.90
	4	优2	2.35	5.6	62.11
	5	优3	2.65	5.3	62.17

a. 扬程匹配度。各方案下金湖泵站站上、洪泽泵站站下水位过程见表 7.5-13。

表 7.5-13　典型系统总扬程下金湖泵站站上、洪泽泵站站下水位匹配度

系统总扬程/m	比选方案	金湖泵站站上水位/m	洪泽泵站站下水位/m	扬程匹配度/m	
				金湖泵站站上	洪泽泵站站下
6.55	1	7.882~7.936	7.881~7.940	0.036	0.019
	2	7.881~7.931	7.880~7.936	0.031	0.036
	3	7.878~7.928	7.880~7.931	0.028	0.031
	4	7.864~7.921	7.869~7.917	0.036	0.031
	5	7.861~7.920	7.866~7.917	0.039	0.034
7.95	1	7.879~7.950	7.882~7.949	0.021	0.049
	2	7.875~7.946	7.882~7.944	0.046	0.044
	3	7.868~7.921	7.868~7.930	0.032	0.032
	4	7.877~7.931	7.881~7.927	0.031	0.027
	5	7.876~7.928	7.880~7.926	0.028	0.026

由表 7.5-13 可知:

(a) 对系统总扬程 6.55m,各方案下金湖泵站站上、洪泽泵站站下水位变幅均不超过 0.06m,假定金湖泵站站下、洪泽泵站站上为大容积输水河道,水位均可考虑为常值,则各方案下优化运行过程中与既定扬程的匹配度均较好。其中,采用方案 1(即金湖泵站日均扬程 1.55m、洪泽泵站 5.00m)时,优化运行过程中金湖泵站站上、洪泽泵站站下水位变幅最小(金湖泵站为 0.036m,洪泽泵站为 0.019m,合计 0.055m),即方案 1 下优化运行过程中与既定扬程的匹配度最高。

(b) 对系统总扬程 7.95m,各方案下金湖泵站站上、洪泽泵站站下水位变幅均不超过 0.08m,各方案下优化运行过程中与既定扬程的匹配度均较好。其中,采用方案 5(即金湖泵站日均扬程 2.65m、洪泽泵站 5.3m)时,优化运行过程中金湖泵站站上、洪泽泵站站下水位变幅最小(金湖泵站为 0.028m,洪泽泵站为 0.026m,合计 0.054m),即方案 5 下优化运行过程中与既定扬程的匹配度最高。

b. 梯级泵站系统优化运行经济度。同样以系统总扬程 6.55m、7.95m 两种情况为例,分别考虑除优化运行方案以外的 4 个次优方案(见表 7.5-12),各方案下泵站优化运行经济度见表 7.5-14。

表 7.5-14　　　　　　　典型系统总扬程下优化运行经济度比较

系统总扬程/m	比选方案	最优扬程分配/m		最小单位提水费用/(元/万 m³)				较定角恒速运行节省幅度/%		
				定角恒速运行		优化运行				
		金湖泵站	洪泽泵站	金湖泵站	洪泽泵站	金湖泵站	洪泽泵站	金湖泵站	洪泽泵站	合计
6.55	1	1.55	5.0	33.34	97.04	26.58	80.36	20.28	17.19	18.12
	2	1.85	4.7	37.39	93.62	30.24	77.41	19.12	17.31	18.52
	3	2.15	4.4	47.18	90.31	33.51	74.22	28.97	17.82	21.72
	4	2.45	4.1	51.79	97.45	37.75	68.16	27.11	30.06	28.68
	5	2.75	3.8	57.08	93.92	41.77	65.96	26.82	29.77	28.22
7.95	1	1.45	6.5	31.96	134.11	25.45	100.41	20.37	25.13	23.95
	2	1.75	6.2	36.05	128.72	28.78	95.86	20.17	25.53	24.92
	3	2.05	5.9	40.03	108.50	32.29	91.56	19.34	15.61	16.71
	4	2.35	5.6	50.24	104.44	36.71	87.48	26.93	16.24	19.50
	5	2.65	5.3	55.00	100.64	40.34	83.92	26.65	16.61	20.46

（a）由表 7.5-14 可知，对于系统总扬程 6.55m，采用方案 4 时，分别考虑定角恒速运行和优化运行，金湖泵站单位提水费用分别为 51.79 元/万 m³ 和 37.75 元/万 m³，优化调度节省幅度为 27.11%；洪泽泵站单位提水费用分别为 97.45 元/万 m³ 和 68.16 元/万 m³，优化调度节省幅度为 30.06%，两者合计节省幅度为 28.68%，从系统优化运行经济度来考虑，方案 4 为最优方案。

（b）对于系统总扬程 7.55m，采用方案 2 时，分别考虑定角恒速运行和优化运行，金湖泵站单位提水费用分别为 36.05 元/万 m³ 和 28.78 元/万 m³，优化调度节省幅度为 20.17%；洪泽泵站单位提水费用分别为 128.72 元/万 m³ 和 95.86 元/万 m³，优化调度节省幅度为 25.53%，两者合计节省幅度为 24.92%，从系统优化运行经济度来考虑，方案 2 为最优方案。

c．级间输水河道水位变幅。同样以系统总扬程 6.55m、7.95m 两种情况为例，分别考虑除优化运行方案以外的 4 个次优方案，输水河道主要考察入江水道三河段，河道输水时段内最高水位、最低水位、水位变幅见表 7.5-15。

表 7.5-15　　　　　　　典型系统总扬程下入江水道三河段水位变幅

系统总扬程/m	比选方案	最高水位/m	最低水位/m	最大水位差/m
6.55	1	7.940	7.881	0.059
	2	7.936	7.880	0.056
	3	7.931	7.878	0.053
	4	7.921	7.864	0.057
	5	7.920	7.861	0.059

续表

系统总扬程/m	比选方案	最高水位/m	最低水位/m	最大水位差/m
7.95	1	7.950	7.879	0.071
	2	7.946	7.875	0.071
	3	7.930	7.868	0.062
	4	7.931	7.877	0.054
	5	7.928	7.876	0.052

（a）由表 7.5-15 可知，对于系统总扬程 6.55m，采用方案 3 时入江水道三河段水位变幅最小，河道最大水位变幅为 0.053m，较其他方案水位变幅小 5.66%～11.32%。可见，采用方案 3 时对应的金湖泵站、洪泽泵站优化运行方案下，输水河道水位变化相对较为平稳。

（b）对于系统总扬程 7.55m，采用方案 5 时入江水道三河段水位变幅最小，河道最大水位变幅为 0.052m，较其他方案水位变幅小 3.85%～36.54%。可见，采用方案 5 时对应的金湖泵站、洪泽泵站优化运行方案下，输水河道水位变化相对较为平稳。

d. 输水河道防洪排涝、通航和生态水位要求分析。根据数值模拟成果，在系统总扬程 6.55m、7.95m 两种情况下，各方案泵站优化运行时，级间输水河道入江水道三河段水位变幅均不超过 0.08m，在初始水位 7.9m 时，其最高水位均未超过防洪排涝控制水位，同时水位变幅可满足等级航道通航要求。由于通航水位一般较河道生态水位要高，满足通航水位即可满足生态水位要求。

4）考虑水位综合要求的系统优化方案确定。通过以上对输水河道水位过程优化衔接，可获得各考察指标下典型水量组合及系统总扬程时方案优选，见表 7.5-16。

表 7.5-16　　　　各考察指标下典型水量组合及系统总扬程时方案优选

系统总扬程/m	泵　　站		输水河道	
	考察指标			
	扬程匹配度	优化运行经济度	水位变幅	防洪除涝、通航和生态水位要求
6.55	方案 1	方案 4	方案 3	方案 1～方案 7
7.95	方案 5	方案 2	方案 5	方案 1～方案 7

a. 对于系统总扬程 6.55m 时，从扬程匹配度、水位变幅，以及防洪除涝、通航和生态水位要求来看，均属可控范围，考虑到泵站优化运行效益的体现，故推荐方案 4。

b. 对于系统总扬程 7.95m 时，同样基于以上分析，综合考虑推荐方案 2。

采用上述推荐方案，系统可达到扬程匹配度、优化运行经济度、输水河道通航和生态水位要求的最优化，并基本满足级间输水河道水位变幅要求，由此最终确定所采用的各级泵站优化运行方案，见表 7.5-17。

根据以上推荐方案，在考虑峰谷电价时，在两种典型系统总扬程下，金湖泵站—洪泽泵站梯级泵站群系统整体优化运行单位提水费用较优化扬程分配下的定角恒速运行分别节省 28.68%、24.92%。

表 7.5－17 典型系统总扬程下泵站优化运行综合优选方案

系统总扬程/m	泵 站		各时段优化开机方案								
			Ⅰ	Ⅱ	Ⅲ	Ⅳ	Ⅴ	Ⅵ	Ⅶ	Ⅷ	Ⅸ
6.55	金湖泵站	叶片安放角/(°)	－	－	－	＋6	＋3	－	－	－4	－6
		开机台数/台	－	－	－	4	4	－	－	4	4
	洪泽泵站	叶片安放角/(°)	－	－	－	＋2	＋2	－	－	－	－5
		开机台数/台	－	－	－	4	4	－	－	－	4
7.95	金湖泵站	叶片安放角/(°)	－	－	－	＋6	＋6	－	－	－6	－6
		开机台数/台	－	－	－	4	4	－	－	4	2
	洪泽泵站	叶片安放角/(°)	－	－	－	－0.5	－0.5	－	－	－0.5	－5
		开机台数/台	－	－	－	4	4	－	－	4	4

注 表中"－"表示机组停机。

（4）考虑非峰谷电价情况。

1）子模型优化运行结果。考虑非峰谷电价时，参照上述峰谷电价情况求解过程，分别获得金湖泵站、洪泽泵站目标提水量 752.04 万 m³ 时各离散扬程下泵站最小提水费用（如图 7.5－5 和图 7.5－6 所示），及对应的机组优化运行方案。

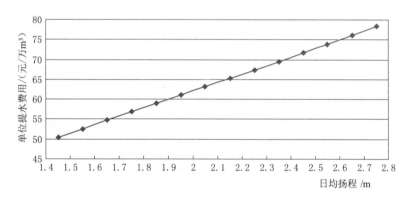

图 7.5－5 金湖泵站各离散扬程下最小提水费用（非峰谷电价）

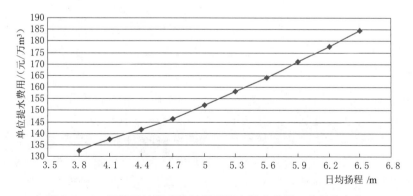

图 7.5－6 洪泽泵站各离散扬程下最小提水费用（非峰谷电价）

由金湖泵站子模型优化结果可得，日提水费用随日均扬程提高而增加。在目标提水量为 752.04 万 m^3，日均扬程为 1.45～2.75m 时，单位提水费用为 50.48～78.46 元/万 m^3。在相同提水量下，日均扬程每增加 0.1m，单位提水费用平均增加 2.15 元/万 m^3。

由洪泽泵站子模型优化结果可得，日提水费用随日均扬程提高而增加。在目标提水量为 752.04 万 m^3，日均扬程为 3.8～6.5m 时，单位提水费用为 132.61～184.78 元/万 m^3。在相同提水量下，日均扬程每增加 0.3m，单位提水费用平均增加 5.8 元/万 m^3。

2) 大系统动态规划聚合成果。分别考虑系统总扬程为 6.55m、7.95m 下，分别将获得的金湖泵站、洪泽泵站一系列不同日均提水扬程下的提水费用代入大系统聚合模型式（7-17）、式（7-18），采用一维动态规划法求解，可得各站目标提水量 752.04 万 m^3 时，系统最小单位提水费用见表 7.5-18。

表 7.5-18　　　　　给定总扬程下金湖泵站—洪泽泵站系统优化运行最小
单位提水费用（非峰谷电价）

系统总扬程/m	最优扬程分配/m		最小单位提水费用/(元/万 m^3)		系统单位提水费用/(元/万 m^3)
	金湖泵站	洪泽泵站	金湖泵站	洪泽泵站	
6.55	1.55	5.00	52.67	152.55	101.30
7.95	1.45	6.50	50.48	184.78	115.57

由获得的金湖泵站、洪泽泵站最优扬程分配值，回查各子系统优化成果，可得对应的金湖泵站、洪泽泵站优化运行方案。各泵站优化开机方式见表 7.5-19。

表 7.5-19　典型系统总扬程下金湖泵站、洪泽泵站优化运行方案（非峰谷电价）

系统总扬程/m	泵 站		各时段优化开机方案								
			Ⅰ	Ⅱ	Ⅲ	Ⅳ	Ⅴ	Ⅵ	Ⅶ	Ⅷ	Ⅸ
6.55	金湖泵站	叶片安放角/(°)	—	0	0	0	0	—	—	—	—
		开机台数/台	—	4	4	4	4	—	—	—	—
	洪泽泵站	叶片安放角/(°)	—	—	—	—	−5	−0.5	−2	−0.5	−5
		开机台数/台	—	—	—	—	4	4	4	4	4
7.95	金湖泵站	叶片安放角/(°)	—	0	0	0	0	—	—	—	—
		开机台数/台	—	4	4	4	4	—	—	—	—
	洪泽泵站	叶片安放角/(°)	—	—	—	—	−0.5	−5	−0.5	−0.5	−0.5
		开机台数/台	—	—	—	—	4	4	4	4	4

注　表中"—"表示机组停机。

3) 级间输水河道水位优化衔接多方案比选。同样以系统总扬程 6.55m、7.95m 两种情况为例，分别考虑除优化运行方案以外的 4 个次优方案（见表 7.5-20），作为河道上、下边界，并给定入江水道三河段初始水位 7.9m（以日常水位考虑），结合河道断面参数，采用一维非恒定流模型，对级间输水河道开展非恒定流数值模拟与分析，分别从扬程匹配度、优化运行经济度、级间输水河道水位变幅、通航和生态水位要求等方面，综合比选出满足系统总扬程要求下的金湖泵站、洪泽泵站优化运行方案。

表 7.5 - 20   典型系统总扬程下级间非恒定流数值模拟方案（非峰谷电价）

系统总扬程/m	比选方案	方案优选度	扬程分配值/m		系统单位提水费用/(元/万 m³)
			金湖泵站	洪泽泵站	
6.55	1	优 1	1.55	5.0	101.30
	2	优 3	1.85	4.7	102.43
	3	优 2	2.15	4.4	102.34
	4	优 4	2.45	4.1	104.32
	5	优 5	2.75	3.8	104.97
7.95	1	优 1	1.45	6.5	115.57
	2	优 3	1.75	6.2	116.40
	3	优 5	2.05	5.9	117.19
	4	优 2	2.35	5.6	115.88
	5	优 4	2.65	5.3	117.07

同样采用一维非恒定流模型，以级间输水河道——入江水道三河段为研究对象，将各方案优化下泵站优化流量作为边界条件，河道初始水位、断面参数均按上述考虑，经比较分析，扬程匹配仍较好，输水河道水位变幅，以及河道防洪排涝、通航和生态水位均在合理可控范围内。

4）考虑水位综合要求的系统优化方案确定。多方案综合比选后，以梯级泵站系统优化运行经济度为主要指标，故在系统总扬程 6.55m、7.95m 两种情况下，金湖泵站—洪泽泵站梯级泵站系统均推荐方案 1，各泵站优化运行方案见表 7.5-19。

5）非峰谷电价情况下系统优化运行效益分析。在非峰谷电价情况下，单个泵站优化运行较定角恒速运行优化效益不够显著，一般不超过 1%。但对于梯级泵站系统，非峰谷电价情况下，考虑到系统总扬程可在级间各泵站实现优化分配，最大限度地实现水泵装置高效区运行，因此系统整体优化运行效益可得到显著提高，对表 7.5-20 进行分析可知，在系统总扬程 6.55m 时，最优方案（方案 1）较最差方案（方案 5）的系统单位提水费用可节省 3.50%；在系统总扬程 7.95m 时，最优方案（方案 1）较最差方案（方案 3）的系统单位提水费用可节省 1.38%；两者平均节省幅度为 2.44%，见表 7.5-21。

此外，该最差方案为最差扬程分配下的优化运行成果，若以最差扬程分配下的定角恒速运行作为参照，两种系统扬程下平均节省幅度将提高至 2.53%。

表 7.5 - 21   金湖泵站—洪泽泵站梯级泵站系统优化运行效益（非峰谷电价）

系统总扬程/m	比选方案	扬程分配值/m		系统单位提水费用/(元/万 m³)	系统优化效益（较最差方案）/%	
		金湖泵站	洪泽泵站		优化运行	定角恒速运行
6.55	1	1.55	5.0	101.30	3.50	3.50
	2	1.85	4.7	102.43		
	3	2.15	4.4	102.34		
	4	2.45	4.1	104.32		
	5	2.75	3.8	104.97		

续表

系统总扬程/m	比选方案	扬程分配值/m		系统单位提水费用/(元/万 m³)	系统优化效益（较最差方案）/%	
		金湖泵站	洪泽泵站		优化运行	定角恒速运行
7.95	1	1.45	6.5	115.57	1.38	1.56
	2	1.75	6.2	116.40		
	3	2.05	5.9	117.19		
	4	2.35	5.6	115.88		
	5	2.65	5.3	117.07		

7.5.5　结论与讨论

（1）针对单站串联的梯级泵站系统，考虑给定系统总提水扬程，建立梯级泵站系统优化运行模型，提出了基于子系统水量分解-动态规划聚合的大系统扬程分解-动态规划聚合法。通过将模型分解为若干个泵站多机组优化运行子模型，采用基于水量分解-动态规划聚合法对子模型求解，获得一系列离散日均扬程下的子模型优化运行方案库；进而以各级泵站为阶段变量，泵站扬程为决策变量，构建大系统聚合模型，采用一维动态规划法求解，获得各级泵站最优扬程分配；考虑到级间输水河道水位要求，引入非恒定流模型，将最优方案及一系列次优方案分别作为边界条件，代入非恒定流模型，从时段扬程匹配度、梯级泵站系统优化运行经济度、级间输水河道水位变幅、输水河道通航和生态水位要求 4 个方面综合比选，最终获得满足系统总扬程要求下的各级泵站优化运行方案。

（2）为简化优化求解工作量，本部分内容针对的是单个泵站串联的梯级泵站系统，若考虑若干个并联泵站群串联的梯级泵站群系统，本研究所提出的模型求解方法同样适用，可获得各泵站机组同一时段内不同的叶片安放角（或机组转速），优化效益显著。

（3）构建了以各级泵站扬程为决策变量的大系统聚合模型，采用一维动态规划法求解，获得扬程优化分配值，进而采用站内优化运行理论，并结合非恒定流模拟对获得的优化方案进行综合比选，确定最终优化方案，从而使梯级泵站系统运行达到经济、社会和生态效益的有机统一。

7.6　小结

构建了梯级泵站群优化运行数学模型，引入级间输水河道一维非恒定流数值模拟，分别针对给定各级并联泵站群初始扬程及提水负荷情况，以及给定梯级泵站群总扬程及提水负荷情况，考虑级间输水河道沿线不同类型用水户用水过程，以及输水河道防洪排涝、通航、生态等水位综合要求，分别提出了基于泵站延时开机策略、基于扬程-水位逐次逼近策略、基于子系统水量分解-动态规划聚合的大系统扬程分解-动态规划聚合的梯级泵站群优化运行模型求解方法；分别以淮安一站、二站、四站—淮阴一站、三站，淮安四站—淮阴三站，金湖泵站—洪泽泵站梯级泵站群系统为计算实例，获得了典型扬程及提水负荷下的梯级泵站群优化运行方案。

第 **8** 章

▶ 泵站（群）优化运行决策支持系统

南水北调东线工程是从江苏扬州江都水利枢纽抽水，途经江苏、山东、河北三省，向华北地区输水的跨流域调水工程。2013 年，南水北调东线工程一期工程建成投运后，将经江苏向省外北方调水，多年平均抽江水量 87 亿 m^3，出江苏省约 36 亿 m^3，年均耗电 9.33 亿 kW·h，再考虑到江苏境内泵站向其他地区的水资源调配，东线工程年耗电费用将超过 10 亿元。另外，东线工程系统复杂，水泵及装置型式多、运行调度方式复杂、输水系统复杂，在泵站单机组、泵站站内多机组、并联泵站群、梯级泵站群优化方法研究的基础上，开发一套便于泵站运行人员在运行管理过程中使用的决策支持系统软件，作为优化运行方案确定的辅助决策十分必要。

8.1 泵站（群）优化运行决策支持系统总体设计

决策支持系统是一个针对半结构化的决策问题、具有智能作用的支持决策活动的人机系统。该系统能够为决策者提供所需的数据、信息和背景资料，帮助明确决策目标和进行问题的识别，建立或修改决策模型，提供各种备选方案，并且对各种方案进行评价、比较和判断，为正确的决策提供必要的支持。它通过与决策者的一系列人机对话过程，为决策者提供各种可靠方案，检验决策者的要求和设想，从而达到支持决策的目的。

南水北调东线工程根据调水需要，泵站工况千差万别，单站多机组、并联泵站群和上下游组成梯级泵站群等运行、调度形式多样。各泵站由于建设时间不同、技术条件不同、泵型不同造成的泵站工况调节方式不同，有的能进行电机转速调节，有的能进行叶轮叶片角度调节等多种工况调节方式。

整个系统优化以单位抽水费用最小为目标，根据泵站不同工况调节方式，分叶片全调节、变频变速调节和组合调节三大类；梯级泵站群优化运行，除了水泵叶片全调节、机组变频变速和泵站组合优化调节外，还与梯级泵站之间河道水位组合有关，所以优化更复杂。

泵站（群）优化运行决策支持系统结构如图 8.1－1 所示。

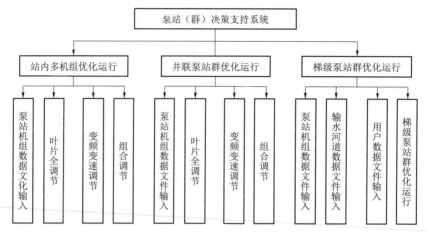

图 8.1-1　泵站（群）优化运行决策支持系统结构图

8.2　系统开发

整个系统开发分成两个部分：泵站（群）优化运行方案生成系统和运行方案查询系统。

泵站（群）优化运行决策方案生成系统的开发思路是各级各类泵站根据当时运行水位、扬程、相应的工况调节方式和是否考虑峰谷电价等情况，进行优化运行方案生成，并形成运行方案库，供运行人员运行决策查询。

运行方案查询系统是一个能提供基于 Internet 的查询泵站优化运行方案的查询系统。一方面，可以为现场运行人员在开机之前，根据当时的现场工况，确定优化运行方案；另一方面，可以为管理部门，根据实时监控信息，监督现场运行人员操作方案，从而提高泵站运行效率。

8.2.1　泵站（群）优化运行方案生成系统

泵站（群）优化运行决策支持系统是基于泵站（单站、站内多机组）、并联泵站群和梯级泵站群优化运行模型与优化运行方法进行开发。整个系统基于 Visual Studio 2010 开发环境，该环境是目前最流行的 Windows 平台应用程序开发环境，其集成开发环境（IDE）的界面简单明了。同时带来了 NET Framework 4.0、Microsoft Visual Studio 2010 CTP（Community Technology Preview），并且支持开发面向 Windows 7 的应用程序，支持各类数据库。Visual Studio 可以用来创建 Windows 平台下的 Windows 应用程序和网络应用程序，也可以用来创建网络服务、智能设备应用程序和 Office 插件。

系统编程语言采用 Intel - Visual - Fortran 2013 语言进行编程，该语言能与 Visual Studio 2010 很好地集成，并具有较好的可视化功能，能兼容 Fortran90 版本语法。

整个系统分成 4 个模块：单机组优化运行、站内多机组优化运行、并联泵站群优化运行、梯级群泵站群优化运行和系统管理。

（1）系统主界面。系统运行出现如图8.2-1所示的主界面。

（2）单机组优化运行。该功能针对单机组泵进行分时段进行优化，其菜单如图8.2-2所示。

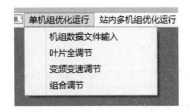

图 8.2-1　系统主界面　　　　　　　　　图 8.2-2　单机组优化运行菜单

1）机组数据输入。根据不同工况调节方式，输入不同叶片安放角或不同转速下流量-扬程（Q-H）、流量-效率（Q-η）关系方程系数。

2）叶片调节、转速调节或组合优化。根据泵站机组情况，首先输入调度的提水量、扬程和时段数，再根据工况调节方式，分别输入调节范围和相应方式离散数数据。点击优化计算按钮，以单位费用最小为目标进行单机组优化，得出每台机组各时段的开机情况，作为机组开机的参考。其计算界面如图8.2-3所示。

（3）站内多机组优化运行。该项功能是针对一座泵站多台机组（同型号、不同型号）的优化运行，其菜单如图8.2-4所示。

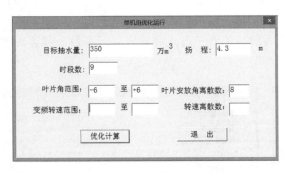

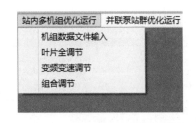

图 8.2-3　单机组优化运行计算界面　　　图 8.2-4　站内多机组优化运行菜单

分成以下几项功能模块：

1）机组数据文件输入。主要是根据不同泵站机组运行工况调节方式，输入相应的参数。如采用变频调速（叶片角调节）情况下，不同速度（叶片角）下流量-扬程（Q-H）、流量-效率（Q-η）关系方程系数。

2）站内多机组叶片全调节。根据泵站机组情况，首先输入调度的提水量、扬程、机组台数、时段数和叶片调节范围，以及叶片安放角离散数等数据。以单位费用最小为目标，采用动态规划逐次逼近、大系统试验选优和大系统分解-动态聚合三种算法计算出各种方法下在满足提水量要求和扬程等情况下得出每台机组各时段的开机方式，作为各台机组的开机参考。其界面如图 8.2 - 5 所示。

图 8.2 - 5 站内多机组变角调节优化运行界面

开机方案查询：表 8.2 - 1 所示某泵站 3.30m 扬程下，基于动态规划逐次逼近法的多机组叶片全调节日优化运行方案。其他两种算法的开机方案形式类似。

表 8.2 - 1 基于动态规划逐次逼近法的某泵站多机组叶片全调节优化运行方案

日均扬程/m	运行方式	时段编号								
		I	II	III	IV	V	VI	VII	VIII	IX
3.30	叶片角/(°)	—	−7	+2	+2	+2	−2	−5	+2	+2
	开机台数	—	4	4	4	4	4	4	4	4

注 表中"—"表示机组停机。

3）站内多机组变频变速调节。根据泵站机组情况，首先输入调度的提水量、扬程、机组台数、时段数和速度调节范围，以及速度离散数等数据。以单位费用最小为目标，采用动态规划逐次逼近、大系统试验选优和大系统分解-动态聚合 3 种算法计算出各种方法在满足提水量要求和扬程等情况下得出每台机组各时段的开机方式，作为各台机组的开机参数。其界面如图 8.2 - 6 所示。

4）站内多机组组合优化调节。根据泵站机组情况，首先输入调度的提水量、扬程和时段数，再输入不同工况调节方式下的机组台数、调节范围和离散数数据。以单位费用最小为目标，进行优化计算，得到每台机组各时段的开机方式和开机运行参数。其界面如图 8.2-7 所示。

图 8.2 - 6 站内多机组变频变速调节优化运行界面

图 8.2 - 7 站内多机组组合优化运行方式计算界面

典型扬程、典型负荷下泵站多机组组合日优化运行方案见表 8.2 - 2。

表 8.2-2 　　　　　　　典型扬程、典型负荷下泵站多机组组合日优化运行方案

H_{av}/m	负荷	机组编号	调节参数	时段编号								
				I	II	III	IV	V	VI	VII	VIII	IX
3.50	100%	机组 1	θ	2	2	4	2	4	2	2	4	4
			n	125	125	135	160	160	125	125	150	150
		机组 2	θ	−4	0	2	2	4	0	0	0	0
			n	125	130	130	160	160	130	130	160	160
		机组 3	θ	−4	0	2	2	4	0	0	0	0
			n	125	130	130	160	160	130	130	160	160

注　表中 θ 为叶片安放角，(°)；n 为机组转速，r/min。

（4）并联泵站群优化运行。在泵站站内多机组优化运行的基础上，开发并联泵站群优化运行模块。其菜单如图 8.2-8 所示。

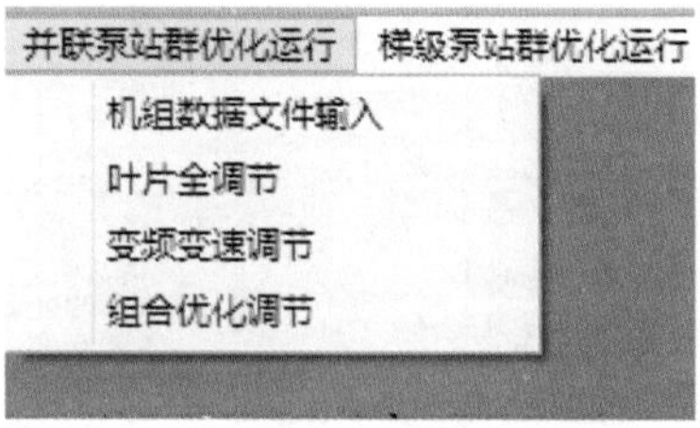

分成以下几项功能模块：

1）机组数据文件输入。主要是根据并联泵站群中各泵站情况，根据各站机组运行工况调节方式，输入相应的参数。如采用变频调速（叶片角调节）情况下流量-扬程（Q-H）、流量-效率（Q-η）关系方程系数。

图 8.2-8　并联泵站群优化
运行菜单

2）叶片全调节方式。根据泵站群调水要求，输入提水总量、扬程、泵站数量、时段数，再输入每座泵站机组台数、叶片调节范围和叶片安放角离散数，以单位提水费用最小为目标进行优化计算，得出每个泵站每台机组每个时段开机方式的参考。其界面如图 8.2-9 所示。

3）变频变速调节方式。根据泵站群调水要求，输入提水总量、扬程、泵站数量、时段数，再输入每座泵站机组台数、变频变速调节范围和速度离散数，以单位提水费用最小为目标进行优化计算，得出每个泵站每台机组每个时段开机方式的参考。其界面如图 8.2-10 所示。

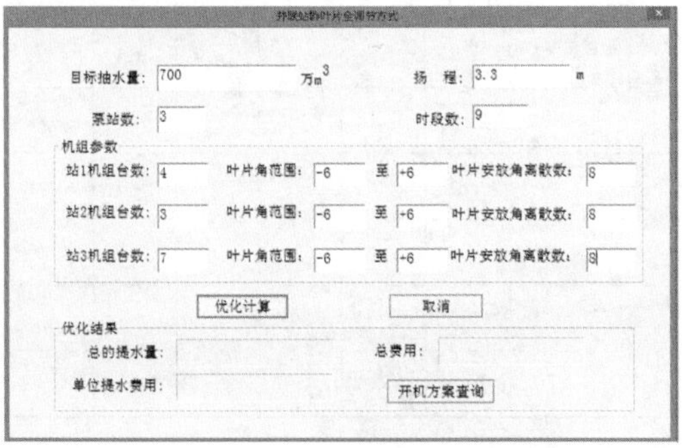

图 8.2-9　并联泵站群叶片全调节优化运行界面

图 8.2-10　并联泵站群变速优化运行界面

4）组合调节优化运行。根据泵站群调水要求，输入提水总量、扬程、泵站数量、时段数，再输入每座泵站机组台数，选择各泵站工况调节方式和离散数，以单位提水费用最小为目标进行优化计算，得出每个站每台机组每时段开机方式的参数。其界面如图8.2-11所示。

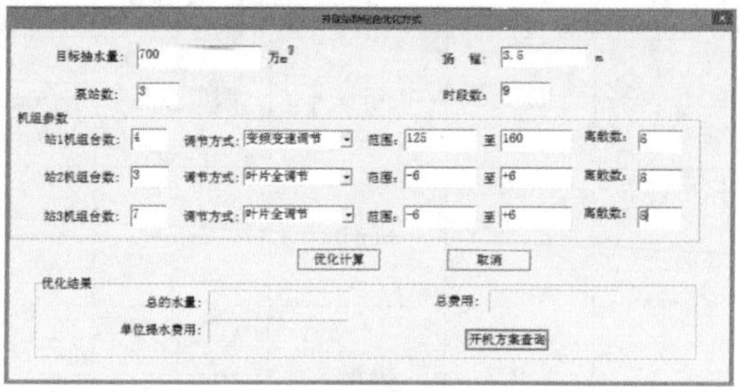

典型扬程及提水负荷时并联泵站群组合优化日运行方案见表8.2-3。

图8.2-11 并联泵站群组合优化运行界面

表8.2-3 典型扬程及提水负荷时并联泵站群组合日优化运行方案

典型方案	泵站编号	机组编号	调节参数	时 段 编 号								
				I	II	III	IV	V	VI	VII	VIII	IX
3.33m，100%	1号	机组1	$\theta/(°)$	0	0	0	+4	+4	0	0	0	0
			$n/(r/min)$	160	160	160	160	160	160	160	160	160
		机组2	$\theta/(°)$	0	0	0	+4	+4	0	0	0	0
			$n/(r/min)$	160	160	160	160	160	160	160	160	160
		机组3	$\theta/(°)$	0	0	0	+4	+4	0	0	0	0
			$n/(r/min)$	160	160	160	160	160	160	160	160	160
	2号	机组4	$\theta/(°)$	停机	停机	+4	+4	+4	停机	停机	+4	+4
			$n/(r/min)$			270	270	270			270	270
		机组5	$\theta/(°)$	停机	停机	+4	+4	+4	停机	停机	+4	+4
			$n/(r/min)$			270	270	270			270	270
		机组6	$\theta/(°)$	停机	停机	+4	+4	+4	停机	停机	+4	+4
			$n/(r/min)$			270	270	270			270	270
		机组7	$\theta/(°)$	停机	−4	+4	+4	+4	停机	−4	+4	+4
			$n/(r/min)$		270	270	270	270		270	270	270
		机组8	$\theta/(°)$	停机	停机	−4	+4	+4	停机	停机	+4	+4
			$n/(r/min)$			270	270	270			270	270
		机组9	$\theta/(°)$	停机	停机	−4	+4	+4	停机	停机	+4	+4
			$n/(r/min)$			270	270	270			270	270
		机组10	$\theta/(°)$	停机	停机	−4	+4	+4	停机	停机	+4	+4
			$n/(r/min)$			270	270	270			270	270

（5）梯级泵站群优化运行。南水北调东线工程是一个梯级调水系统，所以除了考虑每

座泵站本身、并联泵站群优化调节外，还要考虑若干级梯级泵站联合优化运行问题，即考虑在沿输水河道各类用水户不同用水方案情况下，级间水位的组合优化问题，所以梯级泵站群优化运行过程更复杂。

本模块以单位费用为最小目标，编制了两座泵站群构成梯级的情况进行了优化计算，得出上、下两级泵站群开机的方式。其菜单如图 8.2-12 所示。

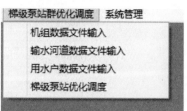

图 8.2-12　梯级泵站群优化
运行菜单

分成以下几项功能模块：

1) 机组数据文件输入。根据各级泵站情况，输入其相应工况调节方式下的参数。如采用变频调速（叶片角调节）情况下流量-扬程（Q-H）、流量-效率（Q-η）关系方程系数等。

2) 输水河道数据文件输入。根据两个梯级泵站群之间输水河道情况，分别输入输水河道断面数、断面参数（河底高程、边坡系数、河底宽）和糙率系数等参数。

3) 用水户数据文件输入。输入两个梯级泵站群之间，用水户距上游泵站群的位置、用水时段、用水过程等参数。

4) 梯级泵站优化运行计算。根据泵站梯级数、总扬程、时段数，再输入上、下游泵站的参数，如机组台数、提水量，调节方式、调节方式下的调节范围以及离散数等参数；再输入输水河道水位的初始水位、防洪排涝水位。如有通航要求，还要输入通航水位，以及最低生态水位等水位参数。然后才能进行优化运行计算，从而得出各站各机组各时段开机方式。其计算界面如图 8.2-13 所示。

图 8.2-13　梯级泵站优化运行计算界面

8.2.2　运行方案查询系统

以前述金湖泵站—洪泽泵站梯级泵站群优化运行为例。金湖泵站设计扬程 2.45m，设计流量 150m³/s，安装 5 台叶轮直径 3350mm、叶片全调节灯泡贯流泵，单机流量 37.5m³/s，配套电机功率 2200kW。洪泽泵站设计扬程 6.60m，安装 5 台轮直径 3150mm、叶片全调节导叶式混流泵，单机流量 36.3m³/s，配套电机功率 3350kW。

为方便运行人员根据当时具体情况，确定各时段开机方案选择，根据优化理论和方法，对这两座泵站在不同扬程情况下开机方案，各时段开机台数和机组叶片安放角根据前期优化结果，基于 Internet 网络环境，在不同扬程，100%、80% 和 60% 三种负荷下泵站优化开机方案。其查询结果界面如图 8.2-14 所示。

出现图 8.2-14 后，再按一种负荷表第一行中右边的"图形"文字，即可以查询出该扬程下，三种不同负荷情况下，常规开机方式（设计叶片角运行）与采用不同时段开不同叶片角度情况单位提水费用比较柱状图，如图 8.2-15 所示。

163

host/login.asp
南水北调示范工程泵站优化...

当前开机条件：泵站名:金湖站　　扬程:2.05　米

泵站名称：金湖站　扬程：2.05

扬程范围:金湖站：1.45~2.75米，±0.1米；洪泽站：3.8~6.5米，±0.3米。

开机方案

100%负荷：常规单位费用：53.51；变角单位费用：48.43；节省比：9.48%　图形

开机方案	时段1	时段2	时段3	时段4	时段5	时段6	时段7	时段8	时段9
叶片角	-°	-4°	3°	6°	6°	-6°	-6°	6°	3°
开机台数	-	4	4	4	4	4	4	4	4

80%负荷：常规单位费用：53.88；变角单位费用：39.26；节省比：27.13%　图形

开机方案	时段1	时段2	时段3	时段4	时段5	时段6	时段7	时段8	时段9
叶片角	-°	-°	3°	6°	6°	-°	-°	5°	3°
开机台数	-	-	4	4	4	-	-	4	4

60%负荷：常规单位费用：46.01；变角单位费用：34.14；节省比：25.8%　图形

开机方案	时段1	时段2	时段3	时段4	时段5	时段6	时段7	时段8	时段9
叶片角	-°	-°	0°	6°	6°	-°	-°	-6°	-6°
开机台数	-	-	4	4	4	-	-	1	2

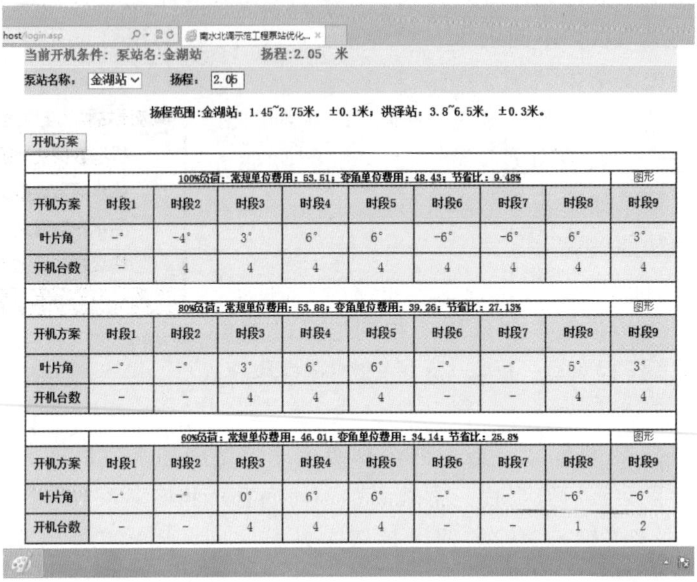

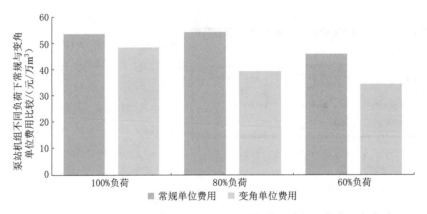

图 8.2-14　金湖泵站 2.05m 扬程三种不同负荷下各时段开机方案查询结果界面

图 8.2-15　金湖泵站 2.05m 扬程 3 种不同负荷下常规和优化运行方式单位提水费用比较柱状图

8.3　优化仿真

8.3.1　工程概况

金湖泵站为南水北调东线工程第二个梯级站，位于江苏省金湖县银集镇境内，三河拦河坝下的金宝航道输水线上，距金湖县城约 10km。金湖泵站安装灯泡贯流泵机组 5 台套（1 台备用），泵站调水设计净扬程 2.45m，单机设计流量 $37.5m^3/s$。

鉴于国内灯泡贯流泵设计、生产加工成熟的经验不多，在设备采购时采用了国内生产厂家与国外厂家技术合作的模式，国外厂家负责灯泡贯流泵的结构设计、水力设计和模型装置验收试验；关键部件包括水泵叶轮、密封件、主轴以及叶片调节机构由国外厂家生产，其余零部件由国内厂家根据国外厂家提供的图纸和工艺生产加工，国外厂家负责质量的控制。金湖泵站最终由日立泵（无锡）制造有限公司与日本日立工业设备技术合作中标，为适应工况的变化，采用液压调节机构进行叶片角度的调节。

水泵叶轮直径 3350mm，叶片数为 3 枚、后导叶体 5 片，水泵转速 115.4r/min。水泵结构是卧式轴流泵，配同步电动机并安装在出水流道侧。叶轮采用双支点支撑，两组径向轴承均采用 SKF 滚动轴承，机组整个轴系由水泵轴系和电机轴系组成，采用鼓齿联轴器连接，水泵运行的水推力由水泵的推力轴承承受。整个泵体设置三个主支撑和一个副支撑，主支撑分别为电机支撑、导叶体支撑以及扩散段支撑，副支撑为进水段支撑（内设径向轴承）。泵站纵剖面如图 3.1-6 所示，灯泡贯流泵站结构及液压调节机构原理分别如图 8.3-1 和图 8.3-2 所示。

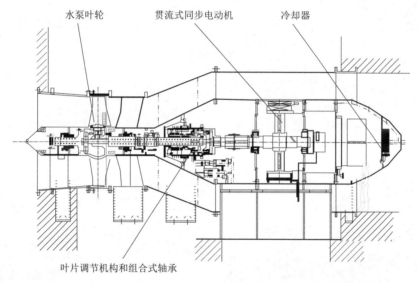

图 8.3-1 灯泡贯流泵结构示意图

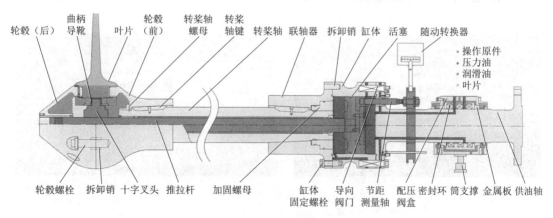

图 8.3-2 液压调节机构原理图

8.3.2 大型水泵及其辅助系统三维建模

建立三维模型是大型水泵主要技术参数虚拟仿真的基础工作。三维仿真的建模方法有多种形式，所用的建模软件也各具特色，在三维可视化仿真领域均发挥着重要的作用。较为常用的主流建模软件主要有 3DS Max、SolidWorks 等软件。

针对金湖泵站大型贯流式水泵机组主要技术参数优化调度虚拟运行动态仿真要求，通过实地收集金湖泵站工程的水泵设备、建筑物等图纸资料，拍摄上、下游河道地貌等实景照片。以设备、建筑物图纸为主，辅之实景照片，对金湖泵站各部分进行了三维建模，形成了三维运行仿真所需的三维模型。金湖泵站枢纽鸟瞰如图 8.3-3 所示。

图 8.3-3 金湖泵站枢纽鸟瞰

金湖泵站厂房内部三维模型如图 8.3-4 所示。

图 8.3-4　金湖泵站厂房内部三维模型

8.3.3　金湖泵站虚拟漫游

金湖泵站枢纽工程主要由主厂房、上下游交通桥、清污机桥、上下游河道、办公楼及生活区等构成。通过对这些建筑物三维建模，以虚拟现实软件技术为基础，构建泵站枢纽工程整体虚拟环境，实现漫游，有助于进一步了解和熟悉整个泵站工程概况及布置等情况，为泵组运行虚拟动态仿真场景的切换等提供基础素材，也可为今后开发的运行仿真设定巡视路线、事故演习等提供支持。

虚拟现实需实现的技术目标主要有：

（1）界面美观：色彩搭配合理、过渡柔和。

（2）动画自动模式：动画设计师设定好的漫游动画，该模式不需要人工操作视图，只需点击播放，可设置循环播放模式，尤其适合于在各种活动中播放。

（3）行走模式：为沉浸式的行走模式，设有第一人称和第三人称两种视点选择，还设有物理碰撞和人视点行走动作起伏，身临其境的感受虚拟的三维环境。

（4）自由浏览模式：可自由上升至高空任意高度和角度，鸟瞰工程整体效果，也可下降至离水面 1cm 的高度，感受在现实中不可能达到的位置的观看效果，并可存储相机路径动画，定制自己喜欢的动画。

（5）实时导航图：在屏幕的一角显示自身所在位置并实时更新。

（6）易用性强：按钮布局合理，让初次接触系统的非专业人员不用培训即可操作，通过菜单按钮在动画、自由及行走三种模式间自由切换，正确的实时位置地图导航。

虚拟仿真实施流程如图 8.3-5 所示。

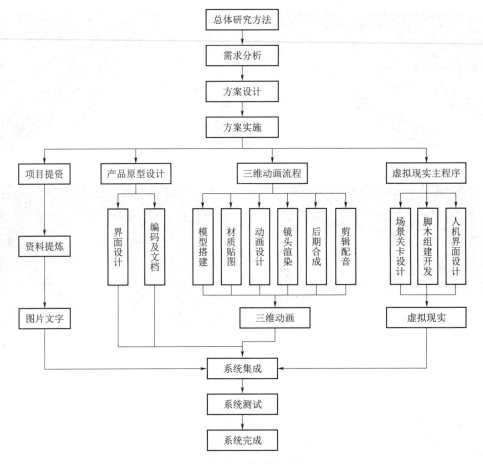

图 8.3-5 虚拟仿真实施流程

以虚拟动画、字幕、灯光、色彩、配音等多媒体合成的型式，展示仿真对象的物理实体、关联关系、结构特性和运动属性，具有与实物一致的全景三维立体外形，能根据需要进行局部结构解剖，并能实现系统间的结构和运动关系。通过虚拟动画与文字、虚拟影像机等有机配合，将金湖泵站的水工建筑物、厂房等予以展示。按照第一人称视觉有自主漫游和自由漫游两种模式，其中自主漫游为程序设定的漫游路线，自由漫游则根据个人喜好及需求，有选择漫游路线，同时提供导航缩略图或主要的场景地点所构成的状态栏，以便正确引导或实现快速漫游。

　　金湖泵站三维虚拟现实动态运行仿真部分是核心研发内容，在设计方案中列出了虚拟现实三维场的脚本控制设计说明、机组三维场景以及所有需要建立的三维模型资源列表，使用 Unity 3D 和 3DS Max 并行开发。

　　金湖泵站虚拟漫游示意如图 8.3-6 所示。

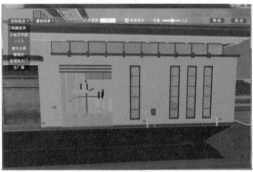

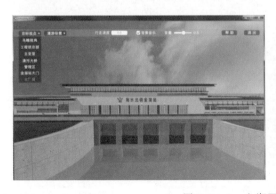

图 8.3-6　金湖泵站虚拟漫游示意

8.3.4　金湖泵站水泵机组虚拟动态仿真系统

　　随着现代计算机高速芯片普及应用、虚拟仿真技术、多媒体多通道技术的快速发展，从传统的数字字符界面、二维图形数字界面，到多媒体多通道数字界面，期间交互技术有了长足的发展，以虚拟现实技术为基础的三维复杂系统数字界面正在突飞猛进。复杂数字系统界面又称"3D-C"界面，包含空间数字三个维度下显示交互的数字界面范式。三维信息界面（即"3D信息界面"）是指用户直接在三维信息界面中执行任务的人机交互范式，一般包括三维信息界面和三维显示交互技术界面。

目前，国内外对2D信息界面交互设计研究较多，但对3D信息界面技术的理论研究相对较少。随着人机交互界面的不断发展，用户在追求数字界面功能实用性的同时，对界面的视觉审美和交互体验提出了更高的要求，由此二维信息界面在场景语言的局限性中也突显出来。因此，探索三维信息界面的显示交互技术是现在及未来的发展趋势。

三维信息界面主要研究包括综合研究层面、技术研究层面、视觉研究层面、视觉设计层面和设计方法研究、界面范式研究等方面。近年来，国外对3D信息界面的研究主要侧重于手势交互的识别和装置开发。

针对金湖泵站的水泵机组、上下游闸门运行情况，制作Web浏览的实时泵站机组虚拟动态运行仿真系统，便于今后南水北调综合监测平台监控金湖泵站实时运行状况。

（1）系统架构。金湖泵站机组主要技术参数虚拟仿真运行系统架构如图8.3-7所示。

根据实际需要，用户分为站内用户和远程用户两种。站内用户直接进行登录；远程用户通过因特网，按照权限进入本系统的虚拟服务器，调用资源（站内和站外）进行查看、访问。

（2）水泵机组动态虚拟仿真功能模块。本系统包括资源库模块，虚拟环境模块（包括虚拟设备搜索引擎模块，设备检修仿真模块等），数据记录与分析模块。各自的功能特点如下：

1）资源库模块。如图8.3-8所示，分为站内与站外两个模块。服务器中的站内的资源库囊括了水泵机组运行过程所需的水泵\闸门\上下游流道\厂房纵剖面等资源信息；站外的资源库与网络搜索引擎连接，把因特网上庞大资源引入本系统。

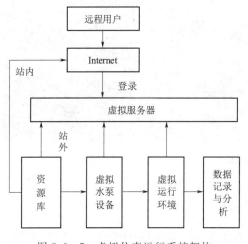

图8.3-7　虚拟仿真运行系统架构

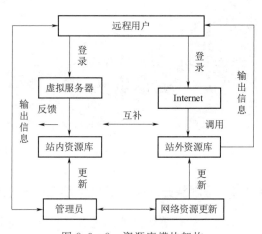

图8.3-8　资源库模块架构

2）虚拟环境模块。其架构包括设备、场景等搜索引擎，泵站虚拟漫游场景等部分，后续也可在基础上添加有关检修运行仿真培训模块内容。泵站漫游按照实际操作流程进行，给人亲临其境，置身实际的运行环境中。应用 Cult3D 结合 3DS Max 构建 3D 仿真运行场景是虚拟环境模块核心所在。

3）虚拟实时运行模块。此模块内容包括水泵机组运行过程，上、下游闸门动作，上、下游水位变化等动作过程。具体运用了 ASP、Cult3D 等相关技术。这些计算机技术的综合运用，使水泵机组动态虚拟现实达到了良好的仿真效果。

4）数据记录和分析模块。该模块能自动记录水泵实时运行数据以及用户的浏览数据，并对水泵实时运行数据进行及时的分析处理。

数据记录和分析模块由记录与分析两个子模块构成。数据记录利用 OLEDB 连接于 Oracle 数据库，将数据调到虚拟服务器的数据库中。数据分析是将数据库中的数据调用，用户确定后，运用 ASP 的后台处理，得出数据。

（3）构建水泵实时运行虚拟仿真的主要技术。本系统为满足金湖泵站运行实时监测需要而设计，采用 Cult3D、3DS Max、ASP 和 Oracle 等工具，通过 WEB 服务器访问 WEB 页面，实现系统各模块相关的功能。

1）数据库技术。数据库技术是智能化管理必不可少重要内容。水泵运行过程需调用和修改数据库，包括用户信息、登录密码、运行过程数据记录和设备的属性等的数据。数据库的设计涵盖了以下内容：

运行过程数据库：包括水泵基本参数、运行时的水泵流量、电动机主机定子电流、电压等。

3DS Max 建模数据库：为了方便 Cult3D 对 3D 模型的编辑，在使用 3DS Max 建模时，已把模型分成独立的简单对象，即图形元数据，用一个元数据库管理。

2）3D 制作技术。本设计是用 Cult3D 结合 3DS Max 来实现 3D 仿真的效果。先用 3DS Max 建模，生成 *.c3d 文件，再在 Cult3D 中导入 *.c3d 文件，编辑 3D 模型的事件、动作等。如此处理，动画图像的 3D 效果好。虽然生成文件占用的信息容量有点过大，但现有的网速完全能支撑流畅的访问。

3）数据库的链接技术。3D 效果实现的过程中数据库的使用，可另建一个数据表，记录 3D 对象的资料，当调用 3D 对象时，各种对象的资料可用数据库中调出，以方便管理。日后要改变对象属性时，可直接修改数据库，避免修改原代码的麻烦。因为 Cult3D 使用的是 JAVA 代码，在连接数据库时应使用 JDBC 连接。

4）ASP 与 JavaScript。网页信息主要通过 JavaScript 获取。ASP 主要用于联系页面和数据库，使用 ASP，可以从数据库中读取信息放到页面中，也可以把仿真过程中生成的记录在数据库中。由于 JavaScript 无法对数据库进行操作，所以用 ASP 弥补 JavaScript 的不足。

利用 Java 的多线程编程，不仅能做出很好的动画，而且 Java 的数据管理也相对较好，因为它使用类（Class）来编程，在 Java 里面，一切都归于类，这样就可以得到水泵动态运行的效果。用类来管理，可以使原代码看起来有条有理。当然，使用 Java 不可避免涉及较为繁复的编程问题，而 Cult3D＋3DS Max 方案较简便，通过把两者有机结合，在

Cult3D 中插入 Java 的类，借助后者来实现特殊的效果，收到了事半功倍的效果。

（4）虚拟仿真系统的集成。将开发完成的虚拟仿真系统导入泵站（群）运行调度信息共享的 SIS 平台中，并开发了相应客户端/服务端系统管理软件，同时与泵站相关数据库链接，共享实时数据。

金湖泵站水泵机组虚拟动态仿真系统是集动画、图片、文字等多媒体形式、素材为一体的数字化软件集成系统。数据信息的有机组合与分类索引能够为用户的便捷操作、愉悦体验提供保障。要将各种类型的多媒体素材进行编辑处理，使之实现菜单式分布、图形化管理、交互式行为以及分级权限管理的目的，是客户端/服务端系统管理软件也就是主界面（User Interface）设计的重要内容。

金湖泵站机组虚拟动态仿真系统的主界面采用 Java 等语言编程，利用主界面实现登录、信息查询等分级管理，以 Web 方式进行浏览。网页空间利用合理，各模块分布清晰，网页维护操作简便。开发的网络版集成软件，能在局域网内的任何一台计算机上实现自主浏览、观看；获得授权许可也可在外网进行查看。

8.3.5　虚拟动态仿真系统的运行

利用开发的数据库接口程序，通过设备数据库映射至三维虚拟对象的运动数据中，实现实时数据驱动三维可视化的动态仿真。实现泵组运行数据与三维场景中的水泵虚拟对象的无缝衔接，从而直观形象地反应机组运行的动态过程。

（1）仿真对象分析。在现有金湖泵站大型水泵设备数据库的基础上，对需要实时显示的对象属性，进行分析梳理，确定仿真对象具体设备名称、位置及数量等信息。

（2）仿真对象数据交换接口程序开发。利用 Java 与金湖泵站在线监测数据库接口 API 进行数据交互，获取数据，再保存到本地数据库，为可视化提供数据支持。由于现场设备传感器类别多，不同传感器提供的信号格式也不一致，故将金湖泵站数据库架构中所对应的泵站机组运行表中数据与虚拟动画进行链接，由此既解决了传感器信号多样性问题，又能对现场设备进行隔离，取得了良好的效果。

（3）构建虚拟仿真环境，与三维仿真显示系统通信。通过前述搭建的泵组虚拟环境，利用 Java 将泵站机组运行表数据库与三维仿真显示系统接口通信，将被仿真对象的指标数据转到三维仿真系统中。

（4）三维仿真显示设备实时状态。对被监测对象的传感信号进行分类，按照点对点（一个传感信号能直接对应的监测设备部位，如 1 号水泵转速传感器对应 1 号水泵机组部位）、点对区域（如上、下游水位信号，对应上游、下游区域）的方式，分别用数值予以三维显示。

（5）Web 网页技术。金湖泵站机组虚拟运行动态仿真系统，以三维可视化仿真技术为基础，将传感器采集数据映射至三维虚拟对象的运行数据中，映射技术涉及 Web 开发中典型开发语言 html、css、javascript 的研发，控制虚拟对象运动同时设计动画制作关键帧及帧速率的概念，数据加载带来的内存管理以及完成虚拟对象的运动变量的映射。图8.3-9为金湖泵站实时虚拟运行仿真系统测试结果的界面。

图 8.3 - 9 金湖泵站实时虚拟运行仿真系统测试结果的界面

8.4 小结

（1）根据前述章节的不同优化运行方法设计泵站（群）优化运行决策支持系统，从站内多机组优化运行、并联泵站群优化运行到梯级泵站群优化运行的系列方案生成。以典型梯级泵站群为例，基于 Internet 环境下生成不同扬程、不同负荷下的优化运行方案，供调度运行决策参考。

（2）为测试、改进和完善决策系统设计的优化运行方案，采用先进的 3D 仿真技术动态模拟泵站实时运行工况，将基于传感器技术采集的泵站实时运行数据映射至三维虚拟对象的运行环境中，实现虚拟运行仿真。

参 考 文 献

［1］ 程吉林. 大系统试验选优理论和应用［M］. 上海：上海科学技术出版社，2002.

［2］ Cheng Jilin, Guo Yuanyu, Jin Zhaosen, et al. Optimal Experimental Methods of the Large - scale Mathematical Programming and Applications［J］. Science in China（Series E：Technological Sciences），1998，41（5）：465 - 470.

［3］ Yi Gong, Jilin Cheng. Optimization of Cascade Pumping Stations' Operations Based on Head Decomposition - Dynamic Programming Aggregation Method Considering Water Level Requirements［J］. Journal of Water Resources Planning and Management，2018，144（7）：1 - 11.

［4］ 龚懿，程吉林，张仁田，等. 泵站多机组叶片全调节优化运行分解-动态规划聚合方法［J］. 农业机械学报，2010，41（9）：27 - 31.

［5］ 程吉林，张礼华，张仁田，等. 泵站叶片可调单机组日运行优化方法研究［J］. 水利学报，2010，41（4）：499 - 504.

［6］ 程吉林，张礼华，张仁田，等. 泵站单机组叶片调节与变频变速组合日运行优化方法研究［J］. 水力发电学报，2010，29（6）：217 - 222.

［7］ 程吉林，张礼华，张仁田，等. 泵站单机组变速运行优化方法研究［J］. 农业机械学报，2010，41（3）：72 - 76.

［8］ 程吉林，张仁田，邓东升，等. 南水北调东线泵站变速运行模式的适应性［J］. 排灌机械工程学报，2010，28（5）：434 - 438.

［9］ 张仁田，程吉林，朱红耕，等. 低扬程泵变速工况性能及合理变速范围是确定［J］. 农业机械学报，2009，40（4）：78 - 81.

［10］ 张仁田，朱红耕，姚林碧. 低扬程泵装置效率与泵效率关系研究［J］. 农业机械学报，2010，41（s1）：15 - 20.

［11］ 张仁田，姚林碧，朱红耕，等. 基于CFD的低扬程泵装置变速特性及相似性［J］. 排灌机械工程学报，2010，28（02）：107 - 111.

［12］ 张仁田，Jaap Arnold，朱红耕，等. 变频调速灯泡贯流泵装置结构开发与优化［J］. 水力发电学报，2010，29（5）：226 - 231.

［13］ 张仁田，岳修斌，朱红耕，等. 基于CFD的泵装置性能预测方法比较［J］. 农业机械学报，2011，42（3）：85 - 90.

［14］ 张仁田，邓东升，朱红耕，等. 环保型叶片调节系统的开发与应用［J］. 排灌机械工程学报，2013，31（11）：948 - 953.

［15］ 张仁田，单海春，卜舸，等. 南水北调东线一期工程灯泡贯流泵结构特点［J］. 排灌机械工程学报，2016，34（9）：774 - 782，789.

［16］ 张仁田，朱红耕，卜舸，等. 南水北调东线一期工程灯泡贯流泵性能分析［J］. 排灌机械工程学报，2017，35（1）：32 - 41.

［17］ Rentian Zhang, Longhua Li, Honggeng Zhu, et al. Performance analyses of mixed - flow pumping systems for S - to - N water diversion project in China［J］. World Journal of Engineering，2014，11

(6)：627－634.

[18] 龚懿，程吉林，张仁田，等. 淮阴三站变频变速优化运行的分解-动态规划聚合法 [J]. 农业工程学报，2011，27（3）：79－83.

[19] 龚懿，程吉林，张仁田，等. 泵站变角变速组合优化运行算法 [J]. 排灌机械工程学报，2013，31（6）：496－500.

[20] 龚懿，程吉林，张仁田，等. 并联泵站群日优化运行方案算法 [J]. 排灌机械工程学报，2011，29（3）：230－235.

[21] 龚懿，程吉林，刘静森. 扬程-水位逐次逼近策略优化梯级泵站群级间河道水位 [J]. 农业工程学报，2014，30（22）：120－129.

[22] 龚懿，程吉林，张仁田. 淮安—淮阴段梯级泵站群运行优化 [J]. 农业工程学报，2013，29（22）：59－67.

[23] 龚懿，程吉林，张仁田，等. 基于试验选优方法的多机组叶片全调节优化运行研究 [J]. 灌溉排水学报，2010，29（4）：42－46.

[24] 龚懿，程吉林，刘静森. 基于单机组试验选优的并联泵站群组合优化运行算法研究 [J]. 南水北调与水利科技，2015，13（2）：314－317.

[25] 张礼华，程吉林，张仁田，等. 基于 DPSA 方法的江都四站单机组优化运行 [J]. 排灌机械工程学报，2010，28（5）：439－443.

[26] 张礼华，程吉林，张仁田，等. 基于动态规划逐次逼近法的江都四站变速优化 [J]. 灌溉排水学报，2011，30（3）：110－113.

[27] 张礼华，程吉林，张仁田，等. 基于试验-整数规划方法的泵站多机组变速优化 [J]. 农业工程学报，2011，27（5）：156－159.

[28] 张礼华，程吉林，张仁田，等. 江都四站站内多机组变角优化运行方式研究 [J]. 扬州大学学报（自然科学版），2010，13（2）：75－78.

[29] 仇锦先，程吉林，张仁田，等. 基于时空组合动态规划的分解协调模型在并联站群优化中的运用 [J]. 水力发电学报，2011，30（6）：183－188.

[30] 仇锦先，程吉林，张仁田，等. 江都站不同型号机组叶片全调节优化运行效果分析 [J]. 南水北调与水利科技，2009，7（6）：85－89.

[31] 仇锦先，程吉林，张仁田，等. 基于 DPSA 传统分解聚合模型的并联泵站优化 [J]. 排灌机械工程学报，2011，29（6）：497－502.

[32] 仇锦先，程吉林，罗金耀，等. 江都站不同型号机组变速优化运行效果分析 [J]，灌溉排水学报，2009，28（4）：32－36.

[33] 仇锦先，程吉林，张仁田，等. 动态规划逐次渐近法在江都三站叶片全调节优化中的应用 [J]. 水利水电科技进展，2010，30（6）：71－73，83.

[34] Yi Gong, Jilin Cheng. Combinatorial Optimization Method for Operation of Pumping Station with Adjustable Blade and Variable Speed Based on Experimental Optimization of Subsystem [J]. Advances in Mechanical Engineering，(2014)：1－7.

[35] Gong Yi, Cheng Jilin, Zhang Lihua, et al. Study on Operation Optimization of Pumping Station's 24 Hours Operation under Influences of Tides and Peak - Valley Electricity Prices [C]. The 10TH Asian International Conference on Fluid Machinery，AIP conference proceedings 1225：137－146.

[36] Yi Gong, Jilin Cheng, Rentian Zhang, et al. Study of Optimal Operation for Huai'an Parallel Pumping Stations with Adjustable - Blade Units Based on Two Stages Decomposition - Dynamic Programming Aggregation Method [C]. The Fourth International Conference on Computer & Computing

Technologies in Agriculture, IFIP AICT 346, PART3: 554 – 562.

[37] Cheng Jilin, Zhang Lihua, Zhang Rentian, et al. Optimal Operation of Variable Speed Pumping System in China's Eastern Route Project of S – to – N Water Diversion Project [C]. The 10th Asian International Conference on Fluid Machinery, AIP conference proceedings 1225: 169 – 178.

[38] Zhang Lihua, Cheng Jilin, Zhang Rentian, et al. Research on Optimal Operation by Adjusting Blade Angle in Jiangdu No. 4 Pumping Station of China [C]. The 10TH Asian International Conference on Fluid Machinery, AIP conference proceedings 1225: 297 – 303.

[39] Qiu Jinxian, Cheng Jilin, Luo Jinyao, et al. Analysis of Variable Speed Optimization Operation Effect of Different – type Pumps in Jiangdu Pumping Station [C]. The 10TH Asian International Conference on Fluid Machinery, AIP conference proceedings 1225: 447 – 455.

[40] Gong Yi, Shen Gang, Zuo Kui, et al. Overview of a few key issues for optimal operation of parallel pumping stations [J]. Applied Mechanics and Materials, 2012, 212 – 213: 1217 – 1222.

[41] Gong Yi, Huangfu Quanhuan. Algorithm Comparison on Optimal Daily Operation Model of Multiple Pump Units with Adjustable – blade for Single Pumping Station [J]. Applied Mechanics and Materials, 2014, (501 – 504): 2007 – 2015.

[42] 龚懿. 南水北调东线泵站（群）运行的相关优化方法研究 [D]. 扬州：扬州大学，2011.

[43] 张礼华. 受潮汐影响的大型泵站站内优化运行方式研究 [D]. 扬州：扬州大学，2011.

[44] 仇锦先. 南水北调东线水源泵站优化运行理论及其应用研究 [D]. 武汉：武汉大学，2010.

[45] 李开荣，陈桂香，朱俊武，等. 泵站优化运行决策模型选择技术研究 [J]. 扬州大学学报（自然科学版），2012，15（3）：71 – 74.

[46] 泵站单机组叶片全调节日优化运行系统软件 V1.0（登记号：2015SR190332）.

[47] 并联泵站群优化运行决策支持系统 V1.0（登记号：2017SR402053）.

[48] 朱乾德，张晓红，潘海蓉，等. 重大调水工程建设与管理发展史——以江苏省为例 [J]. 江苏水利，2016（10）：7 – 13.

[49] 王光谦，欧阳琪，张远东，等. 世界调水工程 [M]. 北京：科学出版社，2009.

[50] 蔡敬荀，等. 美国西部跨流域调水与水资源开发情况 [C] // 中国水利学会. 国外水利水电考察报告. 北京：水利电力出版社，1993.

[51] 赵纯厚，朱振宏，周端庄. 世界江河与大坝 [M]. 北京：中国水利水电出版社，2000.

[52] 杨立信. 哈萨克斯坦额尔齐斯 - 卡拉干达运河调水工程 [J]. 水利发展研究，2002，2（6）：45 – 48.

[53] 刘松深，祖雷鸣. 关于跨流域调水工程几个问题的探讨 [J]. 水利发展研究，2001（2）：3 – 5.

[54] Inter Basin Water Transfer. International Workshop on Interbasin Water Transfer [M]. UNESCO, Paris, 1999 (4): 25 – 27.

[55] D. L. Feldman. Tennessee's Inter – Basin Water Transfer Act: a changing water policy agenda [J]. Water Policy, 2001, 3 (1): 1 – 12.

[56] 袁尧，刘超. 水泵变角性能的相似关系研究 [J]. 水力发电学报，2013，32（1）：276 – 281.

[57] 朱满林，杨晓东，张言禾. 梯级泵站优化调度研究 [J]. 西安理工大学学报，1999，15（1）：67 – 70.

[58] 戴振伟，朱兆通，储训，等. 多级泵站优化调度研究 [J]. 排灌机械，1997，24（3）：37 – 39.

[59] 李继姗，刘光临，潘为平. 多级泵站的优化调度及经济运行研究 [J]. 水利学报，1992，12（12）：18 – 20.

[60] 李世芳，马树元. 梯级泵站扬程优化调度算法 [J]. 水利水电工程设计，2002，21（2）：45 – 46.

[61] 马文正，丘传忻. 泵站运行的优化调度 [J]. 水利学报，1993，16（3）：25 – 27.

［62］ 冯尚友. 多目标决策理论方法与应用［M］. 武汉：华中理工大学出版社，1990.

［63］ 冯平，胡明罡，刘尚为. 引滦入津引供水枢纽泵站机组的优化调度［J］. 水力发电学报，2001，20（4）：90-95.

［64］ 雷声隆. 自优化模拟及其在南水北调中东线工程中的应用［J］. 水利学报，1989，13（5）：35.

［65］ 方淑秀，黄守信，王孟华，等. 跨流域引水工程多水库联合供水优化调度［J］. 水利学报，1990（12）：1-8.

［66］ 邵东国. 跨流域调水工程优化决策模型研究［D］. 武汉：武汉水利电力大学，1994（5）：500-503.

［67］ 张劲松. 南水北调——东线源头探索与实践［M］. 南京：江苏科学技术出版社，2009.

［68］ （美）Leon Cooper，Mary W. Cooper 著. 动态规划导论［M］. 张有为，译. 北京：国防工业出版社，1985.